中华人民共和国国家标准

泵 站 设 计 规 范

Design code for pumping station

GB 50265-2010

主编部门：中华人民共和国水利部
批准部门：中华人民共和国住房和城乡建设部
实施日期：2 0 1 1 年 2 月 1 日

中国计划出版社

2011 北 京

中华人民共和国国家标准
泵站设计规范
GB 50265-2010

☆

中国计划出版社出版发行

网址:www.jhpress.com

地址:北京市西城区木樨地北里甲11号国宏大厦C座3层

邮政编码:100038 电话:(010)63906433(发行部)

三河富华印刷包装有限公司印刷

850mm×1168mm 1/32 7.5印张 190千字

2011年1月第1版 2020年9月第12次印刷

☆

统一书号:1580177·538

定价:45.00元

版权所有 侵权必究

侵权举报电话:(010)63906404

如有印装质量问题,请寄本社出版部调换

中华人民共和国住房和城乡建设部公告

第 673 号

关于发布国家标准 《泵站设计规范》的公告

现批准《泵站设计规范》为国家标准,编号为 GB 50265—2010,自 2011 年 2 月 1 日起实施。其中,第 6.1.3、6.3.5、6.3.7 条为强制性条文,必须严格执行。原《泵站设计规范》GB/T 50265—97 同时废止。

本规范由我部标准定额研究所组织中国计划出版社出版发行。

中华人民共和国住房和城乡建设部
二〇一〇年七月十五日

前 言

本规范是根据原建设部《关于印发〈工程建设国家标准制订、修订计划〉的通知》(建标〔2002〕85号)的要求,由湖北省水利水电勘测设计院会同有关单位,在《泵站设计规范》GB/T 50265—97基础上修订完成的。

本规范共12章和5个附录。主要技术内容包括:总则,泵站等级及防洪(潮)标准,泵站主要设计参数,站址选择,总体布置,泵房,进出水建筑物,其他形式泵站,水力机械及辅助设备,电气,闸门、拦污栅及启闭设备,安全监测等。

本次修订的主要内容有:根据现行有关标准,调整了5级建筑物和受潮汐影响泵站的防洪标准;修改完善了设计流量、特征水位和特征扬程的确定方法;修改和增订了有关站址选择、总体布置的规定;修改和增订了泵房布置、防渗排水布置、稳定应力分析、地基计算与处理等有关内容;修改和增订了引渠布置、出水管道形式等相关内容;修改和增订了对其他形式泵站的有关内容;将空气压缩系统的压力等级分类与空压机行业标准进行了统一;简化了泵站机修系统;取消了630kW以上采用同步电动机的限制,对无功的补偿内容进行了修改;增加了有关励磁系统条款;删除了已淘汰的电器设备;修改了试验、检修设备的设置条款,让泵站维修、试验走向市场化;修订了出口拍门和快速闸门流道顶部通气孔的面积计算公式;对出口拍门制造材料增加了可使用非金属材料的规定;对工程监测的规定内容进行了修改和增订;对附录A的规定内容进行了修改和增订,增加了岩基抗剪断参数和摩擦系数值表;化简了附录C的公式(C.0.2-1)和公式(C.0.2-2)。

本规范中以黑体字标志的条文为强制性条文,必须严格执行。

本规范由住房和城乡建设部负责管理和对强制性条文的解释,水利部负责日常管理,水利部水利水电规划设计总院负责具体技术内容的解释。在本规范执行过程中,请各单位结合工程实践,认真总结经验,注意积累资料,如发现需要修改和补充之处,请将修改意见和有关资料反馈给水利部水利水电规划设计总院(地址:北京市西城区六铺炕北小街2-1号,邮政编码:100120,传真:010-62056492,邮箱:kjc@mwr.gov.cn),以供今后修订时参考。

本规范主编单位、参编单位、主要起草人和主要审查人:

主 编 单 位:湖北省水利水电勘测设计院

参 编 单 位:山西省水利水电勘测设计研究院
中国水利水电勘测设计协会
江苏省水利勘测设计研究院有限公司
中水北方勘测设计研究有限责任公司
上海勘测设计研究院
广东省水利电力勘测设计研究院

主要起草人:别大鹏　孙万功　张平易　孙卫岳　张士杰
吴佩荣　邵剑南　姚宇坚　窦以松　周　明
李文峰　陈汉宝　秦昌斌　郭铁桥　王　力
韩　翔　杨晋营　卢天杰　裴　云　李智建
陈登毅　梁修保　刘新泉　董良山　杨国清
李少权

主要审查人:刘志明　许建中　雷兴顺　鞠占斌　姜家荃
卜漱和　云庆龙　王英人　李学勤　朱化广
马东亮　胡德义　许道龙　陈洪涛　马普杰
黄智勇　黄荣卫　胡　复　陈武春　逯　辉
王国勤

目 次

1 总 则 ………………………………………………………… (1)
2 泵站等级及防洪(潮)标准 ……………………………………… (2)
　2.1 泵站等级 ………………………………………………… (2)
　2.2 防洪(潮)标准 …………………………………………… (3)
3 泵站主要设计参数 ……………………………………………… (4)
　3.1 设计流量 ………………………………………………… (4)
　3.2 特征水位 ………………………………………………… (4)
　3.3 特征扬程 ………………………………………………… (8)
4 站址选择 ………………………………………………………… (9)
　4.1 一般规定 ………………………………………………… (9)
　4.2 泵站站址选择 …………………………………………… (9)
5 总体布置 ………………………………………………………… (11)
　5.1 一般规定 ………………………………………………… (11)
　5.2 泵站布置形式 …………………………………………… (12)
6 泵 房 …………………………………………………………… (14)
　6.1 泵房布置 ………………………………………………… (14)
　6.2 防渗排水布置 …………………………………………… (18)
　6.3 稳定分析 ………………………………………………… (20)
　6.4 地基计算及处理 ………………………………………… (25)
　6.5 主要结构计算 …………………………………………… (29)
7 进出水建筑物 …………………………………………………… (32)
　7.1 引渠 ……………………………………………………… (32)
　7.2 前池及进水池 …………………………………………… (33)
　7.3 出水管道 ………………………………………………… (33)

    7.4 出水池及压力水箱 ………………………………………（37）
8 其他形式泵站 …………………………………………………（39）
    8.1 一般规定 …………………………………………………（39）
    8.2 竖井式泵站 ………………………………………………（39）
    8.3 缆车式泵站 ………………………………………………（40）
    8.4 浮船式泵站 ………………………………………………（42）
    8.5 潜没式泵站 ………………………………………………（43）
9 水力机械及辅助设备 …………………………………………（44）
    9.1 主泵 ………………………………………………………（44）
    9.2 进出水流道 ………………………………………………（46）
    9.3 进水管道及泵房内出水管道 ……………………………（47）
    9.4 过渡过程及产生危害的防护 ……………………………（49）
    9.5 真空及充水系统 …………………………………………（49）
    9.6 排水系统 …………………………………………………（50）
    9.7 供水系统 …………………………………………………（51）
    9.8 压缩空气系统 ……………………………………………（52）
    9.9 供油系统 …………………………………………………（53）
    9.10 起重设备及机修设备 ……………………………………（53）
    9.11 采暖通风与空气调节 ……………………………………（54）
    9.12 水力机械设备布置 ………………………………………（55）
10 电　　气 ……………………………………………………（58）
    10.1 供电系统 …………………………………………………（58）
    10.2 电气主接线 ………………………………………………（58）
    10.3 主电动机及主要电气设备选择 …………………………（58）
    10.4 无功功率补偿 ……………………………………………（60）
    10.5 机组启动 …………………………………………………（60）
    10.6 站用电 ……………………………………………………（61）
    10.7 室内外主要电气设备布置及电缆敷设 …………………（61）
    10.8 电气设备的防火 …………………………………………（63）

10.9	过电压保护及接地装置	(64)
10.10	照明	(65)
10.11	继电保护及安全自动装置	(67)
10.12	自动控制和信号系统	(69)
10.13	测量表计装置	(69)
10.14	操作电源	(70)
10.15	通信	(70)
10.16	电气试验设备	(71)

11 闸门、拦污栅及启闭设备 (72)
  11.1 一般规定 (72)
  11.2 拦污栅及清污机 (73)
  11.3 拍门及快速闸门 (74)
  11.4 启闭设备 (75)

12 安全监测 (77)
  12.1 工程监测 (77)
  12.2 水力监测 (77)

附录 A 泵房稳定分析有关数据 (79)
附录 B 泵房地基计算及处理 (81)
附录 C 自由式拍门开启角近似计算 (86)
附录 D 自由式拍门停泵闭门撞击力近似计算 (89)
附录 E 快速闸门闭门速度及撞击力近似计算 (92)
本规范用词说明 (94)
引用标准名录 (95)
附：条文说明 (97)

Contents

1 General provisions ··· (1)
2 Rank and grade of pumping station and standard
   for flood(tide) control ··· (2)
   2.1 Rank and grade of pumping station ····················· (2)
   2.2 Standard for flood(tide) control ·························· (3)
3 Main design parameters of pumping station ············· (4)
   3.1 Waler level ·· (4)
   3.2 Characteristic stage ··· (4)
   3.3 Characteristic head ·· (8)
4 Site selection ··· (9)
   4.1 General requirement ·· (9)
   4.2 Site selection for pumping station ····················· (9)
5 General layout ·· (11)
   5.1 General requirement ······································· (11)
   5.2 Layout pattern of pumping station ···················· (12)
6 Pump house ·· (14)
   6.1 Pump house layout ·· (14)
   6.2 Arrangement for seepage control and drainage ·············· (18)
   6.3 Stability analysis ··· (20)
   6.4 Calculation and treatment of foundation ················ (25)
   6.5 Calculation of main structures ··························· (29)
7 Inlet and outlet structures ····································· (32)
   7.1 Approach channel ·· (32)
   7.2 Forebay and suction sump ······························· (33)
   7.3 Outlet conduit ·· (33)

7.4	Outlet sump and pressure tank	(37)
8	Pumping station of other types	(39)
8.1	General requirement	(39)
8.2	Shaft pumping station	(39)
8.3	Funicular pumping station	(40)
8.4	Floating pumping station	(42)
8.5	Submergible pumping station	(43)
9	Hydraulic machine and auxiliary equipment	(44)
9.1	Main pump	(44)
9.2	Inlet and outlet passages	(46)
9.3	Suction pipe and the discharge pipe within pump house	(47)
9.4	Transient process and protection against its damage	(49)
9.5	Vacuum and priming system	(49)
9.6	Drainage system	(50)
9.7	Water supply system	(51)
9.8	Compressed air system	(52)
9.9	Oil supply system	(53)
9.10	Hoisting and repairing equipment	(53)
9.11	Heating, ventilation and air-conditioning	(54)
9.12	Layout for hydraulic machines	(55)
10	Electrical equipment	(58)
10.1	Electrical power supply system	(58)
10.2	Main electrical connection	(58)
10.3	Selection of main motor and electrical equipment	(58)
10.4	Reactive power compensation	(60)
10.5	Starting of units	(60)
10.6	Sevice power of station	(61)
10.7	Layout for electrical equipment and cable	(61)
10.8	Fire fighting of electrical equipment	(63)

10.9	Over voltage protection and earthing device	(64)
10.10	Lighting	(65)
10.11	Protective relaying and automatic security equipment	(67)
10.12	Autocontrol and signal system	(69)
10.13	Measuring meter	(69)
10.14	Operating power supply	(70)
10.15	Communication	(70)
10.16	Electrical test equipment	(71)
11	Gate, trash rack and hoisting equipment	(72)
11.1	General requirement	(72)
11.2	Trash rack and screen cleaning machine	(73)
11.3	Flap valve and stop gate	(74)
11.4	Hoisting equipment	(75)
12	Safety monitoring	(77)
12.1	Engineering monitoring	(77)
12.2	Hydraulic monitoring	(77)
Appendix A	Datas for stability analysis of pump house	(79)
Appendix B	Calculation and treatment of pump house foundation	(81)
Appendix C	Approximate calculation for opening of free flap	(86)
Appendix D	Approximate calculation for closing impact of free flap	(89)
Appendix E	Approximate calculation for closing speed and closing impact of stop gate	(92)
Explanation of wording in this code		(94)
List of quoted standards		(95)
Addition: Explanation of provisions		(97)

1 总　　则

1.0.1 为统一泵站设计标准,保证泵站设计质量,使泵站工程技术先进、安全可靠、经济合理、运行管理方便,制订本规范。

1.0.2 本规范适用于新建、扩建与改建的大、中型供、排水泵站设计。

1.0.3 泵站设计应广泛搜集和整理基本资料。基本资料应经过分析,准确可靠,满足设计要求。

1.0.4 泵站设计应吸取实践经验,进行必要的科学试验,节省能源,积极慎重地采用新技术、新材料、新设备和新工艺。

1.0.5 地震动峰值加速度大于或等于 $0.10g$ 的地区,主要建筑物应进行抗震设计。地震动峰值加速度为 $0.05g$ 的地区,可不进行抗震计算,但对 1 级建筑物应采取适当的抗震措施。

1.0.6 泵站设计除应符合本规范外,尚应符合国家现行有关标准的规定。

2 泵站等级及防洪(潮)标准

2.1 泵站等级

2.1.1 泵站的规模应根据工程任务,以近期目标为主,并考虑远景发展要求,综合分析确定。

2.1.2 泵站等别应按表2.1.2确定。

表2.1.2 泵站等别指标

泵站等别	泵站规模	灌溉、排水泵站		工业、城镇供水泵站
		设计流量(m^3/s)	装机功率(MW)	
Ⅰ	大(1)型	≥200	≥30	特别重要
Ⅱ	大(2)型	200~50	30~10	重要
Ⅲ	中型	50~10	10~1	中等
Ⅳ	小(1)型	10~2	1~0.1	一般
Ⅴ	小(2)型	<2	<0.1	—

注:1 装机功率系指单站指标,包括备用机组在内;
　　2 由多级或多座泵站联合组成的泵站工程的等别,可按其整个系统的分等指标确定;
　　3 当泵站按分等指标分属两个不同等别时,应以其中的高等别为准。

2.1.3 泵站建筑物应根据泵站所属等别及其在泵站中的作用和重要性分级,其级别应按表2.1.3确定。

表2.1.3 泵站建筑物级别划分

泵站等别	永久性建筑物级别		临时性建筑物级别
	主要建筑物	次要建筑物	
Ⅰ	1	3	4
Ⅱ	2	3	4
Ⅲ	3	4	5
Ⅳ	4	5	5
Ⅴ	5	5	—

2.1.4 泵站与堤身结合的建筑物，其级别不应低于堤防的级别。

2.1.5 对失事后造成巨大损失或严重影响，或采用实践经验较少的新型结构的2级～5级主要建筑物，经论证后，其级别可提高1级；对失事后造成损失不大或影响较小的1级～4级主要建筑物，经论证后，其级别可降低1级。

2.2 防洪(潮)标准

2.2.1 泵站建筑物防洪标准应按表2.2.1确定。

表2.2.1 泵站建筑物防洪标准

泵站建筑物级别	防洪标准[重现期(a)]	
	设计	校核
1	100	300
2	50	200
3	30	100
4	20	50
5	10	30

注：1 平原、滨海区的泵站，校核防洪标准可视具体情况和需要研究确定；
2 修建在河流、湖泊或平原水库边的与堤坝结合的建筑物，其防洪标准不应低于堤坝防洪标准。

2.2.2 受潮汐影响的泵站建筑物，其挡潮水位的重现期应根据建筑物级别，结合历史最高潮水位，按表2.2.2规定的设计标准确定。

表2.2.2 受潮汐影响泵站建筑物的防洪标准

建筑物级别	1	2	3	4	5
防潮标准[重现期(a)]	≥100	100～50	50～30	30～20	<20

3 泵站主要设计参数

3.1 设计流量

3.1.1 灌溉泵站设计流量应根据设计灌溉保证率、设计灌水率、灌溉面积、灌溉水利用系数及灌区内调蓄容积等综合分析计算确定。

3.1.2 排水泵站排涝设计流量及其过程线,可根据排涝标准、排涝方式、设计暴雨、排涝面积及调蓄容积等综合分析计算确定;排水泵站排渍设计流量可根据排渍模数与排渍面积计算确定;城市排水泵站排水设计流量可根据设计综合生活污水量、工业废水量和雨水量等计算确定。

3.1.3 工业与城镇供水泵站设计流量应根据设计水平年、设计保证率、供水对象的用水量、城镇供水的时变化系数、日变化系数、调蓄容积等综合确定。用水量主要包括综合生活用水(包括居民生活用水和公共建筑用水)、工业企业用水、浇洒道路和绿地用水、管网漏损水量、未预见用水、消防用水等。

3.2 特征水位

3.2.1 灌溉泵站进水池水位应按下列规定采用:

1 防洪水位应按本规范第 2.2.1 条和第 2.2.2 条规定的防洪标准分析确定;

2 从河流、湖泊或水库取水时,设计运行水位应取历年灌溉期满足设计灌溉保证率的日平均或旬平均水位;从渠道取水时,设计运行水位应取渠道通过设计流量时的水位;从感潮河口取水时,设计运行水位应按历年灌溉期多年平均最高潮位和最低潮位的平均值确定;

3 从河流、湖泊、感潮河口取水时,最高运行水位应取重现期 5a～10a 一遇洪水的日平均水位;从水库取水时,最高运行水位应根据水库调蓄性能论证确定;从渠道取水时,最高运行水位应取渠道通过加大流量时的水位;

4 从河流、湖泊或水库取水时,最低运行水位应取历年灌溉期水源保证率为 95%～97% 的最低日平均水位;从渠道取水时,最低运行水位应取渠道通过单泵流量时的水位;从感潮河口取水时,最低运行水位应取历年灌溉期水源保证率为 95%～97% 的日最低潮水位;

5 从河流、湖泊、水库或感潮河口取水时,平均水位应取灌溉期多年日平均水位;从渠道取水时,平均水位应取渠道通过平均流量时的水位;

6 上述水位均应扣除从取水口至进水池的水力损失。从河床不稳定的河道取水时,尚应考虑河床变化的影响,方可作为进水池相应特征水位。

3.2.2 灌溉泵站出水池水位应按下列规定采用:

1 当出水池接输水河道时,最高水位应取输水河道的防洪水位;当出水池接输水渠道时,最高水位应取与泵站最大流量相应的水位。对于从多泥沙河流上取水的泵站,最高水位应考虑输水渠道淤积对水位的影响;

2 设计运行水位应取按灌溉设计流量和灌区控制高程的要求推算到出水池的水位;

3 最高运行水位应取与泵站最大运行流量相应的水位;

4 最低运行水位应取与泵站最小运行流量相应的水位;有通航要求的输水河道,最低运行水位应取最低通航水位;

5 平均水位应取灌溉期多年日平均水位。

3.2.3 排水泵站进水池水位应按下列规定采用:

1 最高水位应取排水区建站后重现期 10a～20a 一遇的内涝水位。排区内有防洪要求的,最高水位应同时考虑其影响;

2 设计运行水位应取由排水区设计排涝水位推算到站前的水位;对有集中调蓄区或与内排站联合运行的泵站,设计运行水位应取由调蓄区设计水位或内排站出水池设计水位推算到站前的水位;

3 最高运行水位应取按排水区允许最高涝水位的要求推算到站前的水位;对有集中调蓄区或与内排站联合运行的泵站,最高运行水位应取由调蓄区最高调蓄水位或内排站出水池最高运行水位推算到站前的水位;

4 最低运行水位应取按降低地下水埋深或调蓄区允许最低水位的要求推算到站前的水位;

5 平均水位应取与设计运行水位相同的水位。

3.2.4 排水泵站出水池水位应按下列规定采用:

1 防洪水位应按本规范第 2.2.1 条和第 2.2.2 条规定的防洪标准分析确定;

2 设计运行水位应按下列规定采用:

　　1)应取承泄区 5a～10a 一遇洪水的排水时段平均水位;
　　2)当承泄区为感潮河段时,应取重现期 5a～10a 的排水时段平均潮水位;
　　3)对重要的排水泵站,经论证可适当提高重现期。

3 最高运行水位应按下列规定采用:

　　1)当承泄区水位变化幅度较大时,应取重现期 10a～20a 洪水的排水时段平均水位;当承泄区水位变化幅度较小时,可取设计洪水位;
　　2)当承泄区为感潮河段时,应取重现期 10a～20a 的排水时段平均潮水位;
　　3)对重要的排水泵站,经论证可适当提高重现期。

4 最低运行水位应取承泄区历年排水期最低水位或最低潮水位的平均值;

5 平均水位应取承泄区多年日平均水位或多年日平均潮

水位。

3.2.5 工业、城镇供水泵站进水池水位应按下列规定采用：

1 防洪水位应按本规范第2.2.1条和第2.2.2条规定的防洪标准分析确定；

2 从河流、湖泊或水库取水时，设计运行水位应取满足设计供水保证率的日平均或旬平均水位；从渠道取水时，设计运行水位应取渠道通过设计流量时的水位；从感潮河口取水时，设计运行水位应按供水期多年平均最高潮位和最低潮位的平均值确定；

3 从河流、湖泊、感潮河口取水时，最高运行水位应取10a～20a一遇洪水的日平均水位；从水库取水时，最高运行水位应根据水库调蓄性能论证确定；从渠道取水时，最高运行水位应取渠道通过加大流量时的水位；

4 从河流、湖泊、水库、感潮河口取水时，最低运行水位应取水源保证率为97%～99%的最低日平均水位；从渠道取水时，最低运行水位应取渠道通过单泵流量时的水位；受潮汐影响的泵站，最低运行水位应取水源保证率为97%～99%的日最低潮水位；

5 从河流、湖泊、水库或感潮河口取水时，平均水位应取多年日平均水位；从渠道取水时，平均水位应取渠道通过平均流量时的水位；

6 上述水位均应扣除从取水口至进水池的水力损失。从河床不稳定的河道取水时，尚应考虑河床变化的影响，方可作为进水池相应特征水位。

3.2.6 工业、城镇供水泵站出水池水位应按下列规定采用：

1 最高水位应取输水渠道的校核水位；

2 设计运行水位应取与泵站设计流量相应的水位；

3 最高运行水位应取与泵站最大运行流量相应的水位；

4 最低运行水位应取与泵站最小运行流量相应的水位；

5 平均水位应取输水渠道通过平均流量时的水位。

3.2.7 灌排结合泵站的特征水位，可根据本规范第3.2.1条～第

3.2.4条的规定进行综合分析确定。

3.3 特征扬程

3.3.1 设计扬程应按泵站进、出水池设计运行水位差,并计入水力损失确定;在设计扬程下,应满足泵站设计流量要求。

3.3.2 平均扬程可按下式计算加权平均净扬程,并计入水力损失确定;或按泵站进、出水池平均水位差,并计入水力损失确定。在平均扬程下,水泵应在高效区工作。

$$H=\frac{\sum H_i Q_i t_i}{\sum Q_i t_i} \qquad (3.3.2)$$

式中:H——加权平均净扬程(m);

H_i——第i时段泵站进、出水池运行水位差(m);

Q_i——第i时段泵站提水流量(m^3/s);

t_i——第i时段历时(d)。

3.3.3 最高扬程宜按泵站出水池最高运行水位与进水池最低运行水位之差,并计入水力损失确定;当出水池最高运行水位与进水池最低运行水位遭遇的几率较小时,经技术经济比较后,最高扬程可适当降低。

3.3.4 最低扬程宜按泵站出水池最低运行水位与进水池最高运行水位之差,并计入水力损失确定;当出水池最低运行水位与进水池最高运行水位遭遇的几率较小时,经技术经济比较后,最低扬程可适当提高。

4 站址选择

4.1 一般规定

4.1.1 泵站站址应根据灌溉、排水、工业及城镇供水总体规划、泵站规模、运行特点和综合利用要求,考虑地形、地质、水源或承泄区、电源、枢纽布置、对外交通、占地、拆迁、施工、环境、管理等因素以及扩建的可能性,经技术经济比较选定。

4.1.2 山丘区泵站站址宜选择在地形开阔、岸坡适宜、有利于工程布置的地点。

4.1.3 泵站站址宜选择在岩土坚实、水文地质条件有利的天然地基上,宜避开软土、松沙、湿陷性黄土、膨胀土、杂填土、分散性土、振动液化土等不良地基,不应设在活动性的断裂构造带以及其他不良地质地段。当遇软土、松沙、湿陷性黄土、膨胀土、杂填土、分散性土、振动液化土等不良地基时,应慎重研究确定基础类型和地基处理措施。

4.2 泵站站址选择

4.2.1 由河流、湖泊、感潮河口、渠道取水的灌溉泵站,其站址宜选择在有利于控制提水灌溉范围,使输水系统布置比较经济的地点。灌溉泵站取水口宜选择在主流稳定靠岸,能保证引水,有利于防洪、防潮汐、防沙、防冰及防污的河段。由潮汐河道取水的灌溉泵站取水口,宜选择在淡水水源充沛、水质适宜灌溉的河段。

4.2.2 从水库取水的灌溉泵站,其站址应根据灌区与水库的相对位置、地质条件和水库水位变化情况,研究论证库区或坝后取水的技术可靠性和经济合理性,选择在岸坡稳定、靠近灌区、取水方便、不受或少受泥沙淤积、冰冻影响的地点。

4.2.3 排水泵站站址宜选择在排水区地势低洼、能汇集排水区涝水,且靠近承泄区的地点。排水泵站出水口不应设在迎溜、崩岸或淤积严重的河段。

4.2.4 灌排结合泵站站址,宜根据有利于外水内引和内水外排,灌溉水源水质不被污染和不致引起或加重土壤盐渍化,并兼顾灌排渠系的合理布置等要求,经综合比较选定。

4.2.5 供水泵站站址宜选择在受水区上游、河床稳定、水源可靠、水质良好、取水方便的河段。

4.2.6 梯级泵站站址应结合各站站址地形、地质、运行管理、总功率最小等条件,经综合比较选定。

5 总体布置

5.1 一般规定

5.1.1 泵站的总体布置应根据站址的地形、地质、水流、泥沙、冰冻、供电、施工、征地拆迁、水利血防、环境等条件,结合整个水利枢纽或供水系统布局、综合利用要求、机组型式等,做到布置合理、有利施工、运行安全、管理方便、少占耕地、投资节省和美观协调。

5.1.2 泵站的总体布置应包括泵房,进、出水建筑物,变电站,枢纽其他建筑物和工程管理用房,内外交通、通信以及其他维护管理设施的布置。

5.1.3 站区布置应满足劳动安全与工业卫生、消防、环境绿化和水土保持等要求。

5.1.4 泵站室外专用变电站宜靠近辅机房布置,满足变电设备的安装检修方便、运输通道、进线出线、防火防爆等要求。

5.1.5 站区内交通布置应满足机电设备运输、消防车辆通行的要求。

5.1.6 具有泄洪任务的水利枢纽,泵房与泄洪建筑物之间应有分隔设施;具有通航任务的水利枢纽,泵房与通航建筑物之间应有足够的安全距离及安全设施。

5.1.7 进水处有污物、杂草等漂浮物的泵站,应设置拦污、清污设施,其位置宜设在引渠末端或前池入口处。站内交通桥宜结合拦污栅设置。

5.1.8 泵房与铁路、高压输电线路、地下压力管道、高速公路及一、二级公路之间的距离不宜小于100m。

5.1.9 进、出水池应设有防护和警示标志。

5.1.10 对水流条件复杂的大型泵站枢纽布置,应通过水工整体模型试验论证。

5.2 泵站布置形式

5.2.1 由河流取水的泵站,当河道岸边坡度较缓时,宜采用引水式布置,并在引渠渠首设进水闸;当河道岸边坡度较陡时,宜采用岸边式布置,其进水建筑物前缘宜与岸边齐平或稍向水源凸出。由渠道取水的泵站,宜在取水口下游侧的渠道上设节制闸。由湖泊、水库取水的泵站,可根据岸边地形、水位变化幅度、泥沙淤积情况及对水质、水温的要求等,采用引水式或岸边式布置。

5.2.2 在具有部分自排条件的地点建排水泵站,泵站宜与排水闸合建;当建站地点已建有排水闸时,排水泵站宜与排水闸分建。排水泵站宜采用正向进水和正向出水的方式。

5.2.3 灌排结合泵站,当水位变化幅度不大或扬程较低时,可采用双向流道的泵房布置形式;当水位变化幅度较大或扬程较高时,可采用单向流道的泵房布置形式,另建配套涵闸,并与泵房之间留有适当的距离,其过流能力宜与泵站机组抽水能力相适应。

5.2.4 建于堤防处且地基条件较好的低扬程、大流量泵站,宜采用堤身式布置;扬程较高或地基条件稍差或建于重要堤防处的泵站,宜采用堤后式布置。

5.2.5 从多泥沙河流上取水的泵站,当具备自流引水沉沙、冲沙条件时,应在引渠上布置沉沙、冲沙或清淤设施;当不具备自流引水沉沙、冲沙条件时,可在岸边设低扬程泵站,布置沉沙、冲沙及其他排沙设施。

5.2.6 运行时水源有冰冻或冰凌的泵站,应有防冰、消冰、导冰等设施。

5.2.7 在深挖方地带修建泵站,应合理确定泵房的开挖深度,减少地下水对泵站运行的不利影响,并应采取必要的站区排水、泵房通风、采暖和采光等措施。

5.2.8 紧靠山坡、溪沟修建泵站,应设置排泄山洪和防止局部山体滑坡、滚石等工程措施。

5.2.9 受地形条件限制,修建地面泵站不经济时,可布置地下泵站。地下泵站应根据地质条件,合理布置泵房、辅机房以及交通、通风、排水等设施。

5.2.10 从血吸虫疫区引水的泵站,应根据水利血防的要求,采取必要的灭螺工程措施。

6 泵 房

6.1 泵房布置

6.1.1 泵房布置应根据泵站的总体布置要求和站址地质条件,机电设备型号和参数,进、出水流道(或管道),电源进线方向,对外交通以及有利于泵房施工、机组安装与检修和工程管理等,经技术经济比较确定。

6.1.2 泵房布置应符合下列规定:

  1 满足机电设备布置、安装、运行和检修要求;

  2 满足结构布置要求;

  3 满足通风、采暖和采光要求,并符合防潮、防火、防噪声、节能、劳动安全与工业卫生等技术规定;

  4 满足内外交通运输要求;

  5 注意建筑造型,做到布置合理、适用美观,且与周围环境相协调。

6.1.3 泵房挡水部位顶部安全加高不应小于表6.1.3的规定。

表6.1.3 泵房挡水部位顶部安全加高下限值(m)

运用情况	泵站建筑物级别			
	1	2	3	4、5
设计	0.7	0.5	0.4	0.3
校核	0.5	0.4	0.3	0.2

注:1 安全加高系指波浪、壅浪计算顶高程以上距离泵房挡水部位顶部的高度;

  2 设计运用情况系指泵站在设计运行水位或设计洪水位时运用的情况,校核运用情况系指泵站在最高运行水位或校核洪水位时运用的情况。

6.1.4 机组间距应根据机电设备和建筑结构布置的要求确定,并应符合本规范第9.12.2条～第9.12.5条的规定。

6.1.5 主泵房长度应根据机组台数、布置形式、机组间距、边机组段长度和安装检修间的布置等因素确定,并应满足机组吊运和泵房内部交通的要求。

6.1.6 主泵房宽度应根据机组及辅助设备、电气设备布置要求,进、出水流道(或管道)的尺寸,工作通道宽度,进、出水侧必需的设备吊运要求等因素,结合起吊设备的标准跨度确定,并应符合本规范第9.12.7条的规定。立式机组主泵房水泵层宽度的确定,还应计及集水、排水廊道的布置要求等因素。

6.1.7 主泵房各层高度应根据机组及辅助设备、电气设备的布置,机组的安装、运行、检修,设备吊运以及泵房内通风、采暖和采光要求等因素确定,并应符合本规范第9.12.8条~第9.12.10条的规定。

6.1.8 主泵房水泵层底板高程应根据水泵安装高程和进水流道(含吸水室)布置或管道安装要求等因素确定。水泵安装高程应根据本规范第9.1.7条规定,结合泵房处的地形、地质条件综合确定。主泵房电动机层楼板高程应根据水泵安装高程和泵轴、电动机轴的长度等因素确定。

6.1.9 安装在机组周围的辅助设备、电气设备及管道、电缆道,其布置宜避免交叉干扰。

6.1.10 辅机房宜设置在紧靠主泵房的一端或出水侧,其尺寸应根据辅助设备布置、安装、运行和检修等要求确定,且应与泵房总体布置相协调。

6.1.11 安装检修间宜设置在主泵房内对外交通运输方便的一端(或一侧),其尺寸应根据机组安装、检修要求确定,并应符合本规范第9.12.6条的规定。

6.1.12 中控室附近不宜布置有强噪声或强振动的设备。

6.1.13 当主泵房分为多层时,各层楼板均应设置吊物孔,其位置应在同一垂线上,并在起吊设备的工作范围之内。吊物孔的尺寸应按吊运的最大部件或设备外形尺寸各边加0.2m的安全距离确定。

6.1.14 主泵房对外至少应有 2 个出口,其中一个应能满足运输最大部件或设备的要求。

6.1.15 立式机组主泵房电动机层的进水侧或出水侧应设主通道,其他各层应设置不少于 1 个主通道。主通道宽度不宜小于 1.5m,一般通道宽度不宜小于 1.0m。卧式机组主泵房内宜在管道顶部设工作通道。斜轴式机组主泵房内宜在靠近电机处设工作通道。贯流式机组主泵房内宜在进、出水流道上部分层设工作通道。

6.1.16 当主泵房分为多层时,各层应设不少于 2 个通道。主楼梯宽度不宜小于 1.0m,坡度不宜大于 40°,楼梯的垂直净空不宜小于 2.0m。

6.1.17 立式机组主泵房内的水下各层或卧式、斜轴式、贯流式机组主泵房内,应设将渗漏水汇入集水廊道或集水井的排水沟。

6.1.18 主泵房顺水流向的永久变形缝(包括沉降缝、伸缩缝)的设置,应根据泵房结构形式、地基条件等因素确定。土基上的缝距不宜大于 30m,岩基上的缝距不宜大于 20m。缝的宽度不宜小于 20mm。

6.1.19 主泵房排架的布置,应根据机组设备安装、检修的要求,结合泵房结构布置确定。排架宜等跨布置,立柱宜布置在隔墙或墩墙上。当泵房设置顺水流向的永久变形缝时,缝的左右侧应设置排架柱。

6.1.20 主泵房电动机层地面宜铺设水磨石。泵房门窗应根据通风、采暖和采光的需要合理布置。严寒地区应采用双层玻璃窗。向阳面窗户宜有遮阳设施。受阳光直射的窗户可采用磨砂玻璃。

6.1.21 泵房屋面可根据当地气候条件和泵房通风、采暖要求设置隔热层。

6.1.22 泵站建筑物、构筑物生产的火灾危险性类别和耐火等级不应低于表 6.1.22 的规定。泵房内应设消防设施,并应符合国家现行标准《建筑设计防火规范》GB 50016 和《水利水电工程设计防火规范》SDJ 278 的有关规定。

表 6.1.22 泵站建筑物、构筑物生产的火灾危险性类别和耐火等级

建筑物、构筑物名称			火灾危险性类别	耐火等级
主要建筑物、构筑物	1	主泵房、辅机房及安装间	丁	二
	2	油浸式变压器室	丙	一
	3	干式变压器室	丁	二
	4 配电装置室	单台设备充油量大于或等于100kg	丙	二
		单台设备充油量小于100kg	丁	二
	5	母线室、母线廊道和竖井	丁	二
	6	中控室(含照明夹层)、继电保护屏室、自动和远动装置室、通信室	丙	二
	7	屋外变压器场	丙	二
	8	屋外开关站、配电装置构架	丁	二
	9	组合电气开关站	丁	二
	10	高压充油电缆隧道和竖井	丙	二
	11	高压干式电力电缆隧道和竖井	丁	二
	12	电力电缆室、控制电缆室、电缆隧道和竖井	丁	二
	13 蓄电池室	防酸隔爆型铅酸蓄电池室	丙	二
		碱性蓄电池室	丁	二
	14	贮酸室、套间及通风机室	丙	二
	15	充放电盘室	丁	二
	16	通风机室、空气调节设备室	戊	二
	17	供排水泵房	戊	二
	18	消防水泵室	戊	二
辅助生产建筑物	1	油处理室	丙	二
	2	继电保护和自动装置试验室	丙	二
	3	高压试验室、仪表试验室	丁	二
	4	机械试验室	丁	三
	5	电工试验室	丁	三
	6	机械修配厂	丁	三
	7	水工观测仪表室	丁	二
附属建筑物、构筑物	1	一般器材仓库	—	三
	2	警卫室	—	三
	3	汽车库(含消防仓库)	—	三

17

6.1.23 主泵房电动机层值班地点允许噪声标准不得大于85dB（A），中控室和通信室在机组段内的允许噪声标准不得大于70dB（A），中控室和通信室在机组段外的允许噪声标准不得大于60dB（A）。若超过上述允许噪声标准时，应采取必要的降声、消声或隔声措施。

6.2 防渗排水布置

6.2.1 防渗排水布置应根据站址地质条件和泵站扬程等因素，结合泵房、两岸连接结构和进、出水建筑物的布置，设置完整的防渗排水系统。

6.2.2 土基上泵房基底防渗长度不足时，可结合出水池布置，在其底板设置钢筋混凝土铺盖、垂直防渗体或两者相结合的布置形式。铺盖应设永久变形缝，且应与泵房底板永久变形缝错开布置。并应符合下列规定：

1 当泵房地基为中壤土、轻壤土或重砂壤土时，泵房高水位侧宜采用钢筋混凝土铺盖；

2 当泵房地基为粉土、粉细砂、轻砂壤土或轻粉质砂壤土时，泵房高水位侧宜采用铺盖和垂直防渗体相结合的布置形式。垂直防渗体宜布置在泵房底板高水位侧。在地震区粉细砂地基上，泵房底板下布置的垂直防渗体宜构成四周封闭的形式。粉土、粉细砂、轻砂壤土或轻粉质砂壤土地基除应保证渗流平均坡降和出逸坡降小于允许值外，在渗流出口处（包括两岸侧向渗流的出口处）必须设置排水反滤层；

3 当防渗段底板下采用端承型桩时，应采取防止底板底面接触冲刷和渗流的措施；

4 前池、进水池底板上可根据排水需要设置适量的排水孔。在渗流出口处应设置级配良好的排水反滤层。

6.2.3 铺盖长度可根据泵房基础防渗需要确定，宜采用上、下游最大水位差的3倍～5倍，并应符合下列规定：

1 混凝土或钢筋混凝土铺盖最小厚度不宜小于 0.4m,永久变形缝缝距可采用 8m～20m,靠近翼墙的铺盖缝距宜采用小值。缝宽可采用 20mm～30mm;

2 用于铺盖的防渗土工膜厚度应根据作用水头、膜下土体可能产生裂隙宽度、膜的应变和强度等因素确定,但不宜小于 0.5mm。土工膜上应设保护层;

3 在寒冷和严寒地区,混凝土或钢筋混凝土铺盖应适当减小永久变形缝缝距。

6.2.4 当泵房地基为较薄的砂性土层或砂砾石层,其下卧层为深厚的相对不透水层时,可在泵房底板的高水位侧设置截水槽或防渗墙。截水槽或防渗墙嵌入相对不透水层的深度不应小于 1.0m,其下卧层为岩石时,截水槽或防渗墙嵌入岩石的深度不应小于 0.5m。在渗流出口处应设排水反滤层。当泵房地基砂砾石层较厚时,泵房高水位侧可采用铺盖和悬挂式防渗墙相结合的布置形式,在渗流出口处应设排水反滤层。当泵房地基为粒径较大的砂砾石层或粗砾夹卵石层时,泵房底板高水位侧宜设置深齿墙或深防渗墙,在渗流出口处应设排水反滤层。

6.2.5 当泵房地基的下卧层为深厚的相对透水层时,除应符合本规范第 6.2.2 条的规定外,尚应验算覆盖层抗渗、抗浮的稳定性。必要时可在渗流出口侧设置深入相对透水层的排水井或排水沟,并采取防止被淤堵的措施。

6.2.6 当地基持力层为薄层粘土和砂土互层时,除应符合本规范第 6.2.2 条的规定外,铺盖前端宜加设一道垂直防渗体,泵房低水位侧宜设排水沟或排水浅井,并采取防止被淤堵的措施。

6.2.7 岩基上泵房可根据防渗需要在底板高水位侧的齿墙下设置水泥灌浆帷幕,其后设置排水设施。

6.2.8 高扬程泵站的泵房可根据需要在其岸坡上设置通畅的自流排水沟和护坡。

6.2.9 所有顺水流向永久变形缝的水下缝段,应埋设不少于 1 道材质耐久、性能可靠的止水片(带)。垂直止水带(片)与水平止水带(片)相交处应构成密封系统。

6.2.10 侧向防渗排水布置应根据泵站扬程,岸、翼墙后土质及地下水位变化等情况综合分析确定,并应与泵站正向防渗排水布置相适应。

6.2.11 具有双向扬程的灌排结合泵站,其防渗排水布置应以扬程较高的一向为主,合理选择双向布置形式。

6.3 稳定分析

6.3.1 泵房稳定分析可采取一个典型机组段或一个联段作为计算单元。

6.3.2 用于泵房稳定分析的荷载应包括自重、水重、静水压力、扬压力、土压力、淤沙压力、浪压力、风压力、冰压力、土的冻胀力、地震荷载及其他荷载等,其计算应符合下列规定:

　　1 自重包括泵房结构自重、填料重量和永久设备重量;

　　2 水重应按其实际体积及水的重度计算。静水压力应根据各种运行水位计算。对于多泥沙河流,应计及含沙量对水的重度的影响;

　　3 扬压力应包括浮托力和渗透压力。渗透压力应根据地基类别,各种运行情况下的水位组合条件,泵房基础底部防渗、排水设施的布置情况等因素计算确定。对于土基,宜采用改进阻力系数法计算;对于岩基,宜采用直线分布法计算;

　　4 土压力应根据地基条件、回填土性质、挡土高度、填土内的地下水位、泵房结构可能产生的变形情况等因素,按主动土压力或静止土压力计算。计算时应计及填土顶面坡角及超载作用;

　　5 淤沙压力应根据泵房位置、泥沙可能淤积的情况计算确定;

　　6 浪压力应根据泵房前风向、风速、风区长度(吹程)、风区内的平均水深以及泵房前实际波态的判别等计算确定。波浪要素可采用莆田试验站公式计算确定。当浪压力参与荷载的基本组合时，计算风速可采用当地气象台站提供的重现期为50a的年最大风速；当浪压力参与荷载的特殊组合时，计算风速可采用当地气象台站提供的多年平均年最大风速；

7 风压力应根据当地气象台站提供的风向、风速和泵房受风面积等计算确定。计算风压力时应考虑泵房周围地形、地貌及附近建筑物的影响；

8 冰压力、土的冻胀力、地震荷载可按现行行业标准《水工建筑物荷载设计规范》DL 5077的有关规定计算确定；

9 其他荷载可根据工程实际情况确定。

6.3.3 设计泵房时应将可能同时作用的各种荷载进行组合。地震荷载不应与校核运用水位组合。用于泵房稳定分析的荷载组合应按表6.3.3的规定采用，必要时还应考虑其他可能的不利组合。

表6.3.3 荷载组合

荷载组合	计算工况	荷载											
		自重	水重	静水压力	扬压力	土压力	淤沙压力	浪压力	风压力	冰压力	土的冻胀力	地震荷载	其他荷载
基本组合	完建	√	—	—	—	√	—	—	—	—	—	—	√
	设计运用	√	√	√	√	√	√	√	√	—	—	—	√
	冰冻	√	√	√	√	√	√	—	—	√	√	—	√
特殊组合	施工	√	—	—	—	√	—	—	—	—	—	—	√
	检修	√	√	√	√	√	√	—	—	—	—	—	√
	校核运用	√	√	√	√	√	√	√	√	—	—	—	√
	地震	√	√	√	√	√	√	—	—	—	—	√	—

6.3.4 泵房沿基础底面的抗滑稳定安全系数应按下式计算，并应符合下列规定：

土基或岩基：
$$K_c = \frac{f\sum G}{\sum H} \quad (6.3.4\text{-}1)$$

土基: $$K_c = \frac{\tan\phi_0 \sum G + C_0 A}{\sum H} \quad (6.3.4\text{-}2)$$

岩基: $$K_c = \frac{f' \sum G + C' A}{\sum H} \quad (6.3.4\text{-}3)$$

式中：K_c——抗滑稳定安全系数；
$\sum G$——作用于泵房基础底面以上的全部竖向荷载(包括泵房基础底面上的扬压力在内,kN)；
$\sum H$——作用于泵房基础底面以上的全部水平向荷载(kN)；
A——泵房基础底面面积(m^2)；
f——泵房基础底面与地基之间的摩擦系数,可按试验资料确定；当无试验资料时,可按本规范附录A第A.0.1条、第A.0.3条的规定采用；
ϕ_0——土基上泵房基础底面与地基之间摩擦角(°)；
C_0——土基上泵房基础底面与地基之间的粘结力(kPa)；
f'——岩基上泵房基础底面与地基之间的抗剪断摩擦系数；
C'——岩基上泵房基础底面与地基之间的抗剪断粘结力(kPa)。

1 对于土基，ϕ_0、C_0 值可根据室内抗剪试验资料，按本规范第 A.0.2 条的规定采用。按第 A.0.2 条的规定采用 ϕ_0 值和 C_0 值时，应按下式折算泵房基础底面与土质地基之间的综合摩擦系数。对于粘性土地基，如折算的综合摩擦系数大于 0.45，或对于砂性土地基，如折算的综合摩擦系数大于 0.5，采用的 ϕ_0 值和 C_0 值均应有论证；

$$f_0 = \frac{\tan\phi_0 \sum G + C_0 A}{\sum G} \quad (6.3.4\text{-}4)$$

式中：f_0——泵房基底面与土质地基之间的综合摩擦系数。

2 对于岩基，泵房基础底面与岩石地基之间的抗剪断摩擦系数 f' 值和抗剪断粘结力 C' 值可根据试验成果，并参照类似工程实践经验及表 A.0.3 所列值选用。但选用的 f' 值和 C' 值不应超过泵房基础混凝土本身的抗剪断参数值。对重要的大型泵站应进行现场试验；

3 当泵房受双向水平力荷载作用时，应核算其沿合力方向的抗滑稳定性，其抗滑稳定安全系数不应小于本规范第 6.3.5 条规定的允许值；

4 当泵房地基持力层为较深厚的软弱土层，且其上竖向作用荷载较大时，应核算泵房连同地基的部分土体沿深层滑动面滑动的抗滑稳定性；

5 对于岩基，若有不利于泵房抗滑稳定的缓倾角软弱夹层或断裂面存在时，应核算泵房沿可能组合滑裂面滑动的抗滑稳定性。

6.3.5 泵房沿基础底面抗滑稳定安全系数允许值应按表 6.3.5 采用。

表 6.3.5 抗滑稳定安全系数允许值

地基类别	荷载组合		泵站建筑物级别				适用公式
			1	2	3	4、5	
土基	基本组合		1.35	1.30	1.25	1.20	适用于公式 (6.3.4-1) 或公式(6.3.4-2)
	特殊组合	Ⅰ	1.20	1.15	1.10	1.05	
		Ⅱ	1.10	1.05	1.05	1.00	
岩基	基本组合		1.10	1.08		1.05	适用于公式 (6.3.4-1)
	特殊组合	Ⅰ	1.05	1.03		1.00	
		Ⅱ	1.00				
	基本组合		3.00				适用于公式 (6.3.4-3)
	特殊组合	Ⅰ	2.50				
		Ⅱ	2.30				

注：特殊组合Ⅰ适用于施工工况、检修工况和非常运用工况，特殊组合Ⅱ适用于地震工况。

6.3.6 泵房抗浮稳定安全系数应按下式计算：

$$K_\mathrm{f}=\frac{\sum V}{\sum U} \qquad (6.3.6)$$

式中：K_f——抗浮稳定安全系数；

ΣV——作用于泵房基础底面以上的全部重力(kN)；

ΣU——作用于泵房基础底面上的扬压力(kN)。

6.3.7 泵房抗浮稳定安全系数的允许值,不分泵站级别和地基类别,基本荷载组合下不应小于 1.10,特殊荷载组合下不应小于 1.05。

6.3.8 泵房基础底面应力应根据泵房结构布置和受力情况等因素计算确定。

1 当结构布置及受力情况对称时,应按下式计算：

$$p_{\substack{max\\min}} = \frac{\Sigma G}{A} \pm \frac{\Sigma M}{W} \qquad (6.3.8\text{-}1)$$

式中：$p_{\substack{max\\min}}$——泵房基础底面应力的最大值或最小值(kPa)；

ΣM——作用于泵房基础底面以上的全部竖向和水平向荷载对于基础底面垂直水流向的形心轴的力矩(kN·m)；

W——泵房基础底面对于该底面垂直水流向的形心轴的截面矩(m^3)。

2 当结构布置及受力情况不对称时,应按下式计算：

$$p_{\substack{max\\min}} = \frac{\Sigma G}{A} \pm \frac{\Sigma M_x}{W_x} \pm \frac{\Sigma M_y}{W_y} \qquad (6.3.8\text{-}2)$$

式中：ΣM_x、ΣM_y——作用于泵房基础底面以上的全部水平向和竖向荷载对于基础底面形心轴 x、y 的力矩(kN·m)；

W_x、W_y——泵房基础底面对于该底面形心轴 x、y 的截面矩(m^3)。

6.3.9 各种荷载组合情况下的泵房基础底面应力应符合下列规定：

1 土基泵房基础底面平均基底应力不应大于地基允许承载力,最大基底应力不应大于地基允许承载力的1.2倍,泵房基础底

面应力不均匀系数的计算值不应大于表6.3.9规定的允许值,在地震情况下,泵房地基持力层允许承载力可适当提高;

2 对于岩基,泵房基础底面最大基底应力不应大于地基允许承载力,泵房基础底面应力不均匀系数可不控制,但在非地震情况下基础底面边缘的最小应力不应小于零,在地震情况下基础底面边缘的最小应力不应小于－100kPa。

表6.3.9 不均匀系数的允许值

地基土质	荷 载 组 合	
	基本组合	特殊组合
松软	1.5	2.0
中等坚实	2.0	2.5
坚实	2.5	3.0

注:1 对于重要的大型泵站,不均匀系数的允许值可按表列值适当减小;
　　2 对于地震工况,不均匀系数的允许值可按表中特殊组合栏所列值适当增大。

6.4 地基计算及处理

6.4.1 泵房地基应满足承载能力、稳定和变形的要求。地基计算的荷载组合可按本规范第6.3.3条的规定选用。地基计算应包括下列内容:

1 地基渗流稳定性验算;
2 地基整体稳定计算;
3 地基沉降计算。

6.4.2 泵房地基应优先选用天然地基。标准贯入击数小于4击的粘性土地基和标准贯入击数小于或等于8击的砂性土地基,不得作为天然地基。当泵房地基岩土的各项物理力学性能指标较差,且工程结构又难以协调适应时,可采用人工地基。

6.4.3 泵房不宜建在半岩半土或半硬半软地基上;否则,应采取可靠的工程措施。

6.4.4 土基上泵房和取水建筑物的基础埋置深度,宜在最大冲刷深度以下 0.5m,采取防护措施后可适当提高。

6.4.5 位于季节性冻土地区土基上的泵房和取水建筑物,基础埋置深度应大于该地区最大冻土深度。

6.4.6 地基土的剪切试验方法可按表 6.4.6 的规定选用。室内试验宜减少取样和试验操作过程中可能造成的误差,试验指标的取值宜采用小值平均值。

表 6.4.6 地基土的剪切试验方法

地基土类别	剪切试验方法	
	饱和快剪	饱和固结快剪
标准贯入击数≥4击的粘土和壤土	验算施工期不超过一年的完建期地基强度	验算运用期和施工期超过一年的完建期地基强度
标准贯入击数<4击的软土、软土夹薄层砂等	验算尚未完全固结状态的地基强度	验算完全固结状态的地基强度
标准贯入击数≥8击的砂土和砂壤土	验算施工期不超过一年或土层较厚的完建期地基强度(直接快剪)	验算运用期和施工期超过一年或土层较薄的完建期地基强度
标准贯入击数≤8击的松砂、砂壤土和粉细砂夹薄层软土等	验算施工期不超过一年或土层较厚的完建期地基强度(三轴不排水剪)	

注:1 重要的大型泵站的粘性土地基应同时采用相应排水条件的三轴剪切试验方法验证;
  2 软粘土地基可采用野外十字板剪切试验方法;
  3 回填土可采用饱和快剪试验方法。

6.4.7 泵房地基允许承载力应根据站址处地基原位或室内试验数据,按本规范附录 B 第 B.1 节所列公式计算确定。

6.4.8 当泵房地基持力层内存在软弱土层时,除应满足持力层的允许承载力外,还应对软弱土层的允许承载力进行核算,并按下式进行计算。复杂地基上大型泵房地基允许承载力计算,应作专门论证确定。

$$p_c + p_z = [R_z] \quad (6.4.8)$$

式中：p_c——软弱土层顶面处的自重应力(kPa)；

p_z——软弱土层顶面处的附加应力(kPa)，可将泵房基础底面应力简化为竖向均布、竖向三角形分布和水平向均布等情况，按条形或矩形基础计算确定；

$[R_z]$——软弱土层的允许承载力(kPa)。

6.4.9 当泵房基础受振动荷载影响时，其地基允许承载力应按下式进行修正：

$$[R'] \leqslant \psi[R] \qquad (6.4.9)$$

式中：$[R']$——在振动荷载作用下的地基允许承载力(kPa)；

$[R]$——在静荷载作用下的地基允许承载力(kPa)；

ψ——振动折减系数，可按0.8～1.0选用。高扬程机组的基础可采用小值，低扬程机组的块基型整体式基础可采用大值。

6.4.10 泵房地基最终沉降量可按下式进行计算。地基压缩层的计算深度可按计算层面处附加应力与自重应力之比等于0.1～0.2(坚实地基取大值，软土地基取小值)的条件确定。当其下尚有压缩性较大的土层时，地基压缩层的计算深度应计至该土层的底面。

$$S_\infty = m \sum_{i=1}^{n} \frac{e_{1i} - e_{2i}}{1 + e_{1i}} h_i \qquad (6.4.10)$$

式中：S_∞——地基最终沉降量(mm)；

m——地基沉降量修正系数，可采用1.0～1.6(坚实地基取小值，软土地基取大值)；

i——土层号；

n——地基压缩层范围内的土层数；

e_{1i}——泵房基础底面以下第i层土在平均自重应力作用下的孔隙比；

e_{2i}——泵房基础底面以下第i层土在平均自重应力、平均附加应力共同作用下的孔隙比；

h_i——第 i 层土的厚度(mm)。

6.4.11 泵房地基允许沉降量和沉降差,应根据工程具体情况分析确定,满足泵房结构安全和不影响泵房内机组的正常运行。

6.4.12 凡属下列情况之一者,可不进行地基沉降计算:

    1 岩石地基;

    2 砾石、卵石地基;

    3 中砂、粗砂地基;

    4 大型泵站标准贯入击数大于 15 击的粉砂、细砂、砂壤土、壤土及粘土地基;

    5 中型泵站标准贯入击数大于 10 击的壤土及粘土地基。

6.4.13 泵房的地基处理方案应综合考虑地基土质、泵房结构特点、施工条件、环境保护和运行要求等因素,宜按本规范附录 B 表 B.2.1,经技术经济比较选定。换填垫层法、振冲法、强力夯实法、水泥土搅拌法、桩基础和沉井基础等常用地基处理设计应符合现行行业标准《水闸设计规范》SL 265、《建筑地基处理技术规范》JGJ 79、《建筑桩基技术规范》JGJ 94、《既有建筑地基基础加固技术规范》JGJ 123 的有关规定。

6.4.14 泵房地基中有可能发生"液化"的土层宜挖除。当该土层难以挖除时,宜采用振冲法或强力夯实法等处理措施,也可结合地基防渗要求,采用板桩或连续墙围封等措施。

6.4.15 泵房地基为湿陷性黄土地基,可采用强力夯实、换土垫层、灰土桩挤密、桩基础或预浸水等方法处理,并应符合现行行业标准《水闸设计规范》SL 265、《建筑地基处理技术规范》JGJ 79、《建筑桩基技术规范》JGJ 94、《既有建筑地基基础加固技术规范》JGJ 123 的有关规定。泵房基础底面下应有必要的防渗设施。

6.4.16 泵房地基为膨胀土地基,在满足泵房布置和稳定安全要求的前提下,应减小泵房基础底面积,增大基础埋置深度,也可将膨胀土挖除、换填无膨胀性土料垫层,或采用桩基础。

6.4.17 泵房地基为岩石地基,应清除表层松动、破碎的岩块,并对夹泥裂隙和断层破碎带进行处理。对喀斯特地基,应进行专门处理。

6.5 主要结构计算

6.5.1 泵房底板、进出水流道、机墩、排架、吊车梁等主要结构,可根据工程实际情况,简化为二维结构进行计算。必要时,可按三维结构进行计算。

6.5.2 用于泵房主要结构计算的荷载及荷载组合除应按本规范第6.3.2条、第6.3.3条的规定采用外,还应根据结构的实际受力条件,分别计入机电设备动力荷载、雪荷载、楼面可变荷载、吊车荷载、屋面可变荷载、温度荷载以及其他设备可变荷载。

6.5.3 泵房底板应力可根据受力条件和结构支承形式等情况,按弹性地基上的板、梁或框架结构进行计算,并应符合下列规定:

1 对于土基上的泵房底板,可采用反力直线分布法或弹性地基梁法。相对密度小于或等于0.50的砂土地基,可采用反力直线分布法;粘性土地基或相对密度大于0.50的砂土地基,可采用弹性地基梁法。当采用弹性地基梁法计算时,应根据可压缩土层厚度与弹性地基梁半长的比值,选用相应的计算方法。当比值小于0.25时,可按基床系数法(文克尔假定)计算;当比值大于2.0时,可按半无限深的弹性地基梁法计算;当比值为0.25～2.0时,可按有限深的弹性地基梁法计算。当底板的长度和宽度均较大,且两者较接近时,可按交叉梁系的弹性地基梁法计算;

2 对于岩基上的泵房底板,可按基床系数法计算。

6.5.4 当土基上泵房底板采用有限深或半无限深的弹性地基梁法计算时,可按下列情况考虑边荷载的作用:

1 当边荷载使泵房底板弯矩增加时,宜计及边荷载的全部作用;

2 当边荷载使泵房底板弯矩减少时,在粘性土地基上可不计边荷载的作用,在砂性土地基上可只计边荷载的50%。

6.5.5 肘形、钟形进水流道和直管式、屈膝式、猫背式、虹吸式出水流道的应力,可根据各自的结构布置、断面形状和作用荷载等情况,按单孔或多孔框架结构进行计算,并应符合下列规定:

　　1 若流道壁与泵房墩墙连为一整体结构,且截面尺寸又较大时,计算中应考虑其厚度的影响;

　　2 当肘形进水流道和直管式出水流道由导流隔水墙分割成双孔矩形断面时,亦可按对称框架结构进行应力计算;

　　3 当虹吸式出水流道的上升段承受较大的纵向力时,除应计算横向应力外,还应计算纵向应力。

6.5.6 双向进、出水流道应力,可分别按肘形进水流道和直管式出水流道进行计算。

6.5.7 混凝土蜗壳式出水流道应力,可简化为平面"Γ"形刚架、环形板或双向板结构进行计算。

6.5.8 机墩结构形式可根据机组特性和泵房结构布置等因素选用。机墩强度可按正常运用和短路两种荷载组合分别进行计算。对于高扬程泵站,计算机墩稳定时,应计入出水管道水柱的推力,并应设置必要的抗推移设施。

6.5.9 立式机组机墩可按单自由度体系的悬臂梁结构进行共振、振幅和动力系数的验算。卧式机组机墩可只进行垂直振幅的验算。单机功率在 1600kW 以下的立式轴流泵机组和单机功率在 500kW 以下的卧式离心泵机组,其机墩可不进行动力计算。对共振的验算,要求机墩强迫振动频率与自振频率之差和自振频率的比值不小于 20%;对振幅的验算,应分析阻尼的影响,要求最大垂直振幅不超过 0.15mm,最大水平振幅不超过 0.20mm;对动力系数的验算,可忽略阻尼的影响,要求动力系数的验算结果为 1.3～1.5。

6.5.10 泵房排架应力可根据受力条件和结构支承形式等情况进行计算。对干室型泵房,当水下侧墙刚度与排架柱刚度的比值小于或等于 5.0 时,墙与柱可联合计算;当水下侧墙刚度与排架柱刚度的比值大于 5.0 时,墙与柱可分开计算。泵房排架应具有足够的刚度。在各种情况下,排架顶部侧向位移不应超过 10mm。

6.5.11 吊车梁结构形式可根据泵房结构布置、机组安装和设备吊运要求等因素选用。负荷重量大的吊车梁,宜采用预应力钢筋混凝土结构或钢结构,并应符合下列规定:

1 吊车梁设计中,应考虑吊车启动、运行和制动时产生的影响,并应控制吊车梁的最大计算挠度不超过计算跨度的 1/600(钢筋混凝土结构)或 1/700(钢结构);

2 对于钢筋混凝土吊车梁,还应验算裂缝开展宽度,要求最大裂缝宽度不超过 0.30mm;

3 吊车梁与柱连接的设计,应满足支座局部承压、抗扭及抗倾覆要求;

4 负荷重量不大的吊车梁,可套用标准设计图集。

7 进出水建筑物

7.1 引 渠

7.1.1 泵站引渠的线路应根据选定的取水口及泵房位置,结合地形地质条件,经技术经济比较选定,并应符合下列规定：

1 渠线宜避开地质构造复杂、渗透性强和有崩塌可能的地段,也宜避开在冻胀性、湿陷性、膨胀性、分散性、松散坡积物以及可溶盐土壤上布置渠线。当无法避免时,则应采取相应的工程措施。渠身宜坐落在挖方地基上,少占耕地；

2 渠线宜顺直。当需设弯道时,土渠弯道半径不宜小于渠道水面宽的 5 倍,石渠及衬砌渠道弯道半径不宜小于渠道水面宽的 3 倍,弯道终点与前池进口之间宜有直线段,长度不宜小于渠道水面宽的 8 倍,直线段长度小于 8 倍时,宜采取工程措施；

3 渠线宜避免穿过集中居民点、高压线塔、重点保护文物、军用通信线路、油气地下管网以及重要的铁路、公路等；

4 山区渠道宜沿等高线布置,采用明渠与明流隧洞或暗渠、渡槽、倒虹吸相结合的布置,避免深挖高填。

7.1.2 引渠纵坡和断面应根据地形、地质、水力、输沙能力和工程量等条件计算确定,并应满足引水流量,行水安全,渠床不冲、不淤和引渠工程量小等要求。

7.1.3 引渠末段的超高应按突然停机,压力管道倒流水量与引渠来水量共同影响下水位壅高的正波计算确定。必要时设置退水设施。

7.1.4 渗漏严重的土质引渠应采取防渗措施；边坡稳定性差的岩质或土岩结合引渠,应采取防护措施；季节性冻土地区的土质引渠采用衬砌时,应采取抗冻胀措施。

7.2 前池及进水池

7.2.1 泵站前池布置应满足水流顺畅、流速均匀、池内不得产生涡流的要求,宜采用正向进水方式。正向进水的前池,扩散角应小于40°,底坡不宜陡于1:4。

7.2.2 侧向进水的前池,宜设分水导流设施,可通过水工模型试验验证。

7.2.3 多泥沙河流上的泵站前池应设隔墩分为多条进水道,每条进水道通向单独的进水池。在进水道首部应设进水闸及拦沙或水力排沙设施。设有沉沙池的泵站,出池泥沙允许粒径不宜大于0.05mm。

7.2.4 多级泵站前池顶高可根据上、下级泵站流量匹配的要求,在最高运行水位以上预留调节高度确定。前池或引渠末段宜设事故停机泄水设施。

7.2.5 泵站进水池的布置形式应根据地基、流态、含沙量、泵型及机组台数等因素,经技术经济比较确定,可选用开敞式、半隔墩式、全隔墩式矩形池或圆形池。多泥沙河流上宜选用圆形池,每池供一台或两台水泵抽水。

7.2.6 进水池设计应使池内流态良好,满足水泵进水要求,且便于清淤和管理维护。

7.2.7 进水池的水下容积可按共用该进水池的水泵30倍~50倍设计流量确定。

7.2.8 岸墙、翼墙、拦污栅桥等建筑物的稳定、应力分析可按现行行业标准《水闸设计规范》SL 265、《水工挡土墙设计规范》SL 379等的有关规定进行。

7.3 出水管道

7.3.1 泵房外出水管道的布置,应根据泵站总体布置要求,结合地形、地质条件确定。管线应短而直,水力损失小,管道施工及运行管理应方便。管型、管材及管道根数等应经技术经济比较确定。出水管道应避开地质不良地段,否则应采取安全可靠的工程措施。铺设在填方上的管道,填方应压实处理,做好排水设施。管道跨越山洪沟道时,应满足防洪要求。

7.3.2 出水管道的转弯角宜小于60°,转弯半径宜大于2倍管径。管道在平面和立面上均需转弯且其位置相近时,宜合并成一个空间转弯角。管顶线宜布置在最低压力坡度线下,压力不小于0.02MPa。当出水管道线路较长时,应在管线隆起处设置排(补)气阀,其数量和直径应经计算确定。当管线竖向布置平缓时,宜间隔1000m左右设置一处通气设施。

7.3.3 出水管道的出口上缘应淹没在出水池最低运行水位以下0.1m～0.2m。出水管道出口处应设置断流设施。

7.3.4 明管设计应符合下列规定:

1 明管转弯处、分岔处、不同管材接头处和明管直线段较长时应设置镇墩;

　　1)在明管直线段上设置的镇墩,其间距不宜超过100m;

　　2)两镇墩之间的管道可用支墩或管座支承。镇墩、支墩或管座的地基应坚实稳定;

　　3)两镇墩之间的管道应设伸缩节,伸缩节应布置在上端。

2 管道支墩的形式和间距应经技术分析和经济比较确定。除伸缩节附近处,其他各支墩宜采用等间距布置。预应力钢筋混凝土管道应采用连续管座或每节设2个支墩;

3 管间净距不应小于0.8m,钢管底部应高出管道槽地面0.6m,预应力钢筋混凝土管承插口底部应高出管槽地面0.3m。其他材料的管承插口应预留安装、检修高度;

4 管槽宜设排水沟,坡面宜护砌。当管槽纵向坡度较陡时,沿管线应设人行阶梯便道,其宽度不宜小于1.0m;

5 当管径大于或等于1.0m且管道较长时,应设检查孔。每

条管道设置的检查孔不宜少于2个,其间距宜为150m;

6 在严寒地区冬季运行时,可根据需要对管道采取防冻保温措施;

7 跨越堤防的明管,不宜在堤身上设置镇墩。

7.3.5 埋管设计应符合下列规定:

1 埋管管顶最小埋深应在耕植线或最大冻土深度以下;

2 埋管宜采用连续垫座,垫座包角可取90°～135°;

3 管间净距不应小于0.8m;

4 埋入地下的钢管应做防锈处理;当地下水或土壤对管材有侵蚀作用时,应采取防腐措施;

5 埋管应设检查孔,每条管道不宜少于2个;

6 埋管穿越天然河流、沟道时,埋深宜在最大冲刷深度以下0.5m,采取防护措施后可适当提高。

7.3.6 钢管管身应采用镇静钢。焊条性能应与母材相适应。焊接成形的钢管应进行焊缝探伤检查和水压试验。

7.3.7 钢筋混凝土管道设计应符合下列规定:

1 预应力钢筋混凝土强度等级不应低于C40,预制钢筋混凝土强度等级不应低于C25,现浇钢筋混凝土强度等级不应低于C20;

2 现浇钢筋混凝土管道伸缩缝的间距应按纵向应力计算确定,且不宜大于20m。在软硬两种地基交界处应设置伸缩缝或沉降缝。

3 预制钢筋混凝土管道、预应力钢筋混凝土管道及预应力钢筒混凝土管道在直线段每隔50m～100m宜设一个安装活接头。管道转弯和分岔处宜采用钢管件连接,并设置镇墩。

7.3.8 管道上作用的荷载应包括自重、水重、水压力、土压力、地下水压力、地面可变荷载、温度荷载、镇墩和支墩不均匀沉降引起的力、施工荷载、地震荷载等。管道结构分析的荷载组合可按表7.3.8采用。

表 7.3.8 管道结构分析的荷载组合

管道铺设形式	荷载组合	计算工况	管自重	满管水重	正常水压力	最高水压力	最低水压力	试验水压力	土压力	地下水压力	地面可变荷载	温度荷载	镇墩、支墩不均匀沉降力	施工荷载	地震荷载
明管	基本组合	设计运用	√	√	√	—	—	—	—	—	—	√	√	—	—
明管	特殊组合	校核运用Ⅰ	√	√	—	√	—	—	—	—	—	√	√	—	—
明管	特殊组合	校核运用Ⅱ	√	√	—	—	√	—	—	—	—	√	√	—	—
明管	特殊组合	水压试验	√	√	—	—	—	√	—	—	—	—	—	—	—
明管	特殊组合	施工	√	—	—	—	—	—	—	—	—	—	—	√	—
明管	特殊组合	地震	√	√	√	—	—	—	—	—	—	√	√	—	√
埋管	基本组合	设计运用	√	√	√	—	—	—	√	√	√	—	√	—	—
埋管	基本组合	管道放空	√	—	—	—	—	—	√	√	√	—	—	—	—
埋管	特殊组合	校核运用Ⅰ	√	√	—	√	—	—	√	√	√	—	√	—	—
埋管	特殊组合	校核运用Ⅱ	√	√	—	—	√	—	√	√	√	—	√	—	—
埋管	特殊组合	水压试验	√	√	—	—	—	√	√	—	—	—	—	—	—
埋管	特殊组合	施工	√	—	—	—	—	—	—	—	—	—	—	√	—
埋管	特殊组合	地震	√	√	√	—	—	—	√	√	√	—	√	—	√

注：正常水压力系指设计运用情况或地震情况下作用于管道内壁的内水压力；最高、最低水压力系指因事故停泵等水力过渡过程中（校核运用情况）出现在管道内壁的最大、最小内水压力。

7.3.9 出水管道应进行包括水力损失及水锤在内的水力计算。

7.3.10 明设光面钢管抗外压稳定的最小安全系数可取 2.0，有加劲环的钢管可取 1.8。

7.3.11 明设光面钢管管壁最小厚度,不宜小于下式计算值。设计采用的管壁厚度应考虑锈蚀、磨损等因素的影响,按其计算值增加1mm～2mm。受泥沙磨损、腐蚀较严重的钢管,对其管壁厚度的确定应作专门论证。

$$\delta=\frac{D}{130} \qquad (7.3.11)$$

式中:δ——管壁厚度(mm);

D——钢管内径(mm)。

7.3.12 钢管管壁、加劲环及支承环的应力分析,可按现行行业标准《水电站压力钢管设计规范》SL 281的有关规定执行。

7.3.13 岔管布置宜采用丫形、卜形或三分岔形。对于管径大、水头高的岔管也可采用其他形式。

7.3.14 镇墩和支墩的地基处理与否应根据地质条件确定。在季节性冻土地区,其埋置深度应大于最大冻土深度,镇墩和支墩四周回填土料宜采用砂砾料。

7.3.15 镇墩应进行抗滑、抗倾稳定及地基强度验算,并应符合下列规定:

1 镇墩抗滑稳定安全系数的允许值:基本荷载组合下不应小于1.30,特殊荷载组合下不应小于1.10;

2 抗倾稳定安全系数的允许值:基本荷载组合下不应小于1.50,特殊荷载组合下不应小于1.20。

7.4 出水池及压力水箱

7.4.1 出水池的位置应结合站址、管线及输水渠道的位置进行选择。宜选在地形条件好、地基坚实稳定、渗透性小、工程量少的地点。如出水池必须建在填方上时,填土应碾压密实,并应采取防渗措施。

7.4.2 当受地形条件限制采用出水池与输水渠连接困难时,可设置出水塔以渡槽与输水渠连接。

7.4.3 出水池布置应符合下列规定:

1 池内水流应顺畅、稳定,水力损失小;

2 出水池建在膨胀土或湿陷性黄土等不良地基上时,应进行地基处理;

3 出水池底宽大于渠道底宽时,应设渐变段连接,渐变段的收缩角宜小于40°;

4 出水池池中流速不应超过2.0m/s,且不应出现水跃。

7.4.4 出水塔应符合下列规定:

1 出水塔应布置在稳定的基础上;

2 塔身结构尺寸应满足出水管布置及检修要求,出水管口高程宜略高于塔内水位;

3 应进行基础和塔身稳定计算。

7.4.5 压力水箱应建在坚实基础上,并应与泵房或出水管道连接牢固。压力水箱的尺寸应满足闸门安装和检修的要求。

8 其他形式泵站

8.1 一般规定

8.1.1 当水源水位变化幅度在10m以上时,可采用竖井式泵站、缆车式泵站、浮船式泵站、潜没式泵站等其他形式泵站。

8.1.2 其他形式泵站可根据水位变化幅度、涨落速度、水流流速等,经技术经济比较后合理采用。

8.2 竖井式泵站

8.2.1 当河岸坡度较陡、地质条件较好、洪枯水期岸边水深和泵站提水流量均较大时,宜采用岸边取水的集水井与泵房合建的竖井式泵站。在岩基或坚实土基上,集水井与泵房可呈阶梯形布置;在中等坚实土基上,集水井与泵房宜呈水平布置。当河岸坡度较缓、地质条件较差、洪枯水期岸边有足够的水深、泵站提水流量不大,且机组启动要求不高时,可采用岸边取水的集水井与泵房分建的竖井式泵站。

8.2.2 无论集水井与泵房合建或分建,其取水建筑物的布置均应符合下列规定:

1 取水口上部的工作平台设计高程应按校核洪水位加波浪高度和0.5m的安全加高确定;

2 最低的取水口下缘距离河底高度应根据河流水文、泥沙特性及河床稳定情况等因素确定,但侧面取水口下缘距离河底高度不得小于0.5m,正面取水口下缘距离河底高度不得小于1.0m;

3 集水井应分格,每格应设置不少于2道的拦污、清污设施;

4 集水井的进水管数量不宜少于2根,其管径应按最低运行水位时的取水要求,经水力计算确定;

5 从多泥沙河流上取水,应设分层取水口,且在集水井内设排沙设施;

6 对于运行时水源有冰冻、冰凌的泵站,应设防冰、消冰、导冰设施。

8.2.3 当取水河段主流不靠岸,且河岸坡度平缓,枯水期岸边水深不足时,可采用河心取水的竖井式泵站。除取水建筑物的布置应符合本规范第8.2.2条的规定外,还应设置与河岸相通的工作桥。

8.2.4 竖井式泵房宜采用圆形。泵房内机组台数不宜多于4台。井壁顶部应设起吊运输设备。泵房内可不另设检修间。

8.2.5 竖井式泵房内应设安全方便的楼梯。总高度大于20m的竖井式泵房,宜设置电梯。泵房窗户应根据泵房内通风、采暖和采光的需要合理布置。当自然通风量不足时,可采用机械通风。

8.2.6 竖井式泵房内应有与机组隔开的操作室。操作室内应设置减噪声设施。

8.2.7 竖井式泵房的底板、井壁等结构应满足抗渗要求,连接部位止水措施应耐久可靠。

8.2.8 竖井式泵站的泵房底板、集水井、栈桥桥墩等基础埋置深度,宜在最大冲刷深度以下0.5m,采取防护措施后可适当提高。

8.2.9 竖井式泵房应建在坚实的地基上,否则应进行地基处理。竖井式泵房的抗滑稳定安全系数的计算及允许值应符合本规范第6.3.4条和第6.3.5条的规定,抗浮稳定安全系数的计算及允许值应符合本规范第6.3.6条和第6.3.7条的规定,基础底面应力不均匀系数的计算及允许值应符合本规范第6.3.8条和第6.3.9条的规定。

8.3 缆车式泵站

8.3.1 缆车式泵站的位置应符合下列规定:

1 河流顺直,主流靠岸,岸边水深不应小于1.2m;

2 应避开回水区域或岩坡凸出地段；

3 河岸稳定,地质条件较好,岸坡坡比应在1∶2.5～1∶5之间；

4 漂浮物应少,且不易受漂木、浮筏或船只的撞击。

8.3.2 缆车式泵站布置应符合下列规定：

1 泵车数不应少于2台,每台泵车宜布置1条输水管；

2 泵车的供电电缆(或架空线)和输水管不应布置在同一侧；

3 变配电设施、对外交通道路应布置在校核洪水位以上,绞车房的位置应能将泵车上移到校核洪水位以上；

4 坡道坡度应与岸坡坡度接近,对坡道附近的上、下游天然岸坡亦应按所选坡道坡度进行整理,坡道面应高出上、下游岸坡0.3m～0.4m,坡道应有防冲设施；

5 在坡道两侧应设置人行阶梯便道,在岔管处应设工作平台；

6 泵车上宜有拦污、清污设施。从多泥沙河流上取水,宜另设供应清水的技术供水系统。

8.3.3 每台泵车上宜装置水泵2台,机组应交错布置。

8.3.4 泵车车体竖向布置宜成阶梯形。泵车房的净高应满足设备布置和起吊的要求。泵车每排桁架下面的滚轮数宜为2个～6个(取双数),车轮宜选用双凸缘形。泵车上应设减振器。

8.3.5 泵车的结构设计除应进行静力计算外,还应进行动力分析,验算共振和振幅。结构的强迫振动频率与自振频率之差和自振频率的比值不应小于30%；振幅应符合现行行业标准《机器动荷载作用下建筑物承重结构的振动计算和隔振设计规程》YSJ 009的有关规定。

8.3.6 泵车应设保险装置。根据牵引力大小,可采用挂钩式或螺栓夹板式保险装置。

8.3.7 水泵吸水管可根据坡道形式和坡度进行布置。采用桥式坡道时,吸水管可布置在车体的两侧；采用岸坡式坡道时,吸水管宜布置在车体迎水的正面。

8.3.8 水泵出水管道应沿坡道布置。岸坡式坡道可采用埋设方式；桥式坡道可采用架设方式。水泵出水管均应装设闸阀。出水管并联后应与联络管相接。联络管宜采用曲臂式，管径小于400mm时，可采用橡胶管。出水管上还应设置若干个接头岔管，最低、最高岔管位置应满足设计取水要求。接头岔管间的高差：当采用曲臂联络管时，可取 2.0m～3.0m；当采用其他联络管时，可取 1.0m～2.0m。

8.4 浮船式泵站

8.4.1 浮船式泵站的位置应符合下列规定：
1 水流应平稳，河面宽阔，且枯水期水深不应小于1.0m；
2 应避开顶冲、急流、大回流和大风浪区以及与支流交汇处，且与主航道保持一定距离；
3 河岸应稳定，岸坡坡度应在1∶1.5～1∶4之间；
4 漂浮物应少，且不易受漂木、浮筏或船只的撞击；
5 附近应有可利用作检修场地的平坦河岸。

8.4.2 浮船的形式应根据泵站的重要性、运行要求、材料供应及施工条件等因素，经技术经济比较选定。

8.4.3 浮船布置应包括机组设备间、船首和船尾等部分。当机组容量较大、台数较多时，宜采用下承式机组设备间。浮船首尾甲板长度应根据安全操作管理的需要确定，且不应小于2.0m。首尾舱应封闭，封闭容积应根据船体安全要求确定。

8.4.4 浮船的设备布置应紧凑合理，满足船体平衡与稳定的要求。不能满足要求时，应采取平衡措施。

8.4.5 浮船的型线和主尺度（包括吃水深、型宽、船长、型深）应按最大排水量及设备布置的要求选定，其设计应符合内河航运船舶设计规定。在任何情况下，浮船的稳性衡准系数不应小于1.0。

8.4.6 浮船的锚固方式及锚固设备应根据停泊处的地形、水流状况、航运要求及气象条件等因素确定。当流速较大时,浮船上游方向固定索不应少于3根。

8.4.7 联络管及其两端接头形式应根据河流水位变化幅度、流速、取水量及河岸坡度等因素,经技术经济比较选定。

8.4.8 输水管的坡度宜与岸坡坡度一致。当地质条件能满足管道基础要求时,输水管可沿岸坡敷设;不能满足要求时,应进行地基处理,并设置支墩固定。当输水管设置接头岔管时,其位置应按水位变化幅度及河岸坡度确定。接头岔管间的高差可取0.6m~2.0m。

8.5 潜没式泵站

8.5.1 潜没式泵站泵房内宜安装卧式机组,机组台数不宜多于4台。

8.5.2 潜没式泵站泵房宜布置成圆形,泵房内机电设备可采用单列式或双列式布置。筒壁顶部应设环形起重设备,泵房内可不另设检修间。房顶宜设天窗。廊道除设置缆车用作交通运输外,可兼作进风道和排风道。运行操作屏柜可布置在廊道入口处绞车房内。机电设备应有较高的自动化程度,可在岸上进行控制。

8.5.3 泵站泵房底板、墙壁、屋顶等结构应满足抗渗要求,连接部位止水措施应耐久可靠。

8.5.4 潜没式泵站泵房基础应锚固在牢固的基础上。泵房抗浮稳定安全系数的计算及其允许值,应符合本规范第6.3.6条和第6.3.7条的规定。

9 水力机械及辅助设备

9.1 主 泵

9.1.1 主泵选型应符合下列规定：

1 应满足泵站设计流量、设计扬程及不同时期供排水的要求；

2 在平均扬程时，水泵应在高效区运行；在整个运行扬程范围内，水泵应能安全、稳定运行。排水泵站的主泵，在确保安全运行的前提下，其设计流量宜按设计扬程下的最大流量计算；

3 由多泥沙水源取水时，水泵应考虑抗磨蚀措施；水源介质有腐蚀性时，水泵应考虑防腐蚀措施；

4 宜优先选用技术成熟、性能先进、高效节能的产品。当现有产品不能满足泵站设计要求时，可设计新水泵。新设计的水泵应进行泵段模型试验，轴流泵和混流泵还应进行装置模型试验，经验收合格后方可采用。采用国外产品时，应有必要的论证；

5 具有多种泵型可供选择时，应综合分析水力性能、安装、检修、工程投资及运行费用等因素择优确定；

6 采用变速调节应进行方案比较和技术经济论证。

9.1.2 主泵的台数应根据工程规模及建设内容进行技术经济比较后确定。

9.1.3 备用机组的台数应根据工程的重要性、运行条件及年运行小时数确定，并应符合下列规定：

1 重要的供水泵站，工作机组3台及3台以下时，宜设1台备用机组；多于3台时，宜设2台备用机组；

2 灌溉泵站，工作机组3台～9台时，宜设1台备用机组；多于9台时，宜设2台备用机组；

3 年运行小时数很低的泵站,可不设备用机组;

4 处于水源含沙量大或含腐蚀性介质的工作环境的泵站,或有特殊要求的泵站,备用机组的台数经过论证后可适当增加。

9.1.4 大型轴流泵和混流泵应有装置模型试验资料;当对水泵的过流部件型线或进、出水流道型线做较大更改时,应重新进行装置模型试验。

9.1.5 增速运行的水泵,其转速超过设计转速的5%时,应对其强度、磨损、汽蚀、振动等进行论证。

9.1.6 水泵最大轴功率的确定应考虑下列因素:

1 运行范围内各种工况对轴功率的影响;

2 含沙量对轴功率的影响。

9.1.7 水泵安装高程应符合下列规定:

1 在进水池最低运行水位时,应满足不同工况下水泵的允许吸上真空高度或必需汽蚀余量的要求。当电动机与水泵额定转速不同时,或在含泥沙水源中取水时,应对水泵的允许吸上真空高度或必需汽蚀余量进行修正;

2 立式轴流泵或混流泵的基准面最小淹没深度应大于0.5m;

3 进水池内不应产生有害的漩涡。

9.1.8 并联运行的水泵,其设计扬程应接近,并联运行台数不宜超过4台。当流量或扬程变幅较大时,可采用大、小泵搭配或变速调节等方式满足要求。抽送多泥沙水源时,宜适当减少并联台数。串联运行的水泵,其设计流量应接近,串联运行台数不宜超过2台,并应对第二级泵的泵壳进行强度校核。

9.1.9 采用液压操作的全调节水泵,油压装置的数量宜根据运行要求确定。

9.1.10 低扬程轴流泵应有防止抬机的措施。

9.1.11 抽取清水时,轴流泵站与混流泵站的装置效率不宜低于70%~75%;净扬程低于3m的泵站,其装置效率不宜低于60%。

离心泵站的装置效率不宜低于65%～70%。新建泵站的装置效率宜取高值。

9.1.12 抽取多沙水流时,泵站的装置效率可适当降低。

9.2 进出水流道

9.2.1 泵站进出水流道型式应结合泵型、泵房布置、泵站扬程、进出水池水位变化幅度和断流方式等因素,经技术经济比较确定。重要的大型泵站宜采用三维流动数值计算分析,并应进行装置模型试验验证。

9.2.2 泵站进水流道布置应符合下列规定:

  1 流道型线平顺,各断面面积沿程变化应均匀合理;

  2 出口断面处的流速和压力分布应比较均匀;

  3 进口断面处流速宜取 0.8m/s～1.0m/s;

  4 在各种工况下,流道内不应产生涡带;

  5 进口宜设置检修设施;

  6 应方便施工。

9.2.3 肘形和钟形进水流道的进口段底面宜做成平底,或向进口方向上翘,上翘角不宜大于12°;进口段顶板仰角不宜大于30°,进口上缘应淹没在进水池最低运行水位以下至少0.5m。当进口段宽度较大时,可在该段设置隔水墩。肘形和钟形流道的主要尺寸应根据水泵的结构和外形尺寸结合泵房布置确定。

9.2.4 泵站出水流道布置应符合下列规定:

  1 与水泵导叶出口相连的出水室形式应根据水泵的结构和泵站总体布置确定;

  2 流道型线变化应比较均匀,当量扩散角宜取8°～12°;

  3 出口流速不宜大于1.5m/s,出口装有拍门时,不宜大于2.0m/s;

  4 应有合适的断流方式;

  5 平直管出口宜设置检修门槽;

6 应方便施工。

9.2.5 泵站的断流方式应根据出水池水位变化幅度、泵站扬程、机型等因素,并结合出水流道形式选择,必要时经技术经济比较确定。断流方式应符合下列规定:

1 运行应可靠;
2 设备应简单,操作应灵活;
3 维护应方便;
4 对机组效率影响应较小。

9.2.6 出水池最低运行水位较高的泵站,可采用直管式出水流道,在出口设置拍门或快速闸门,并应在门后设置通气孔;直管式出水流道的底面可做成平底,顶板宜向出口方向上翘。

9.2.7 立式或斜式轴流泵站,当出水池水位变化幅度不大时,宜采用虹吸式出水流道,配以真空破坏阀断流方式。驼峰底部高程应略高于出水池最高运行水位,驼峰顶部的真空度不应超过7.5m水柱高。驼峰处断面宜设计成扁平状。虹吸管管身接缝处应具有良好的密封性能。

9.2.8 低扬程卧式轴流泵站可采用猫背式或轴伸式出水流道。

9.2.9 出水流道的出口上缘应淹没在出水池最低运行水位以下0.3m～0.5m。当流道宽度较大时,宜设置隔水墩,其起点与机组中心线间的距离不应小于水泵出口直径的2倍。

9.2.10 进、出水流道均应设置检查孔,检查孔孔径不宜小于0.7m。

9.2.11 双流道双向泵站进水流道内宜设置导流锥、隔板等,必要时应进行装置模型试验。

9.3 进水管道及泵房内出水管道

9.3.1 离心泵或小口径轴流泵、混流泵的进水管道设计流速宜取1.5m/s～2.0m/s,出水管道设计流速宜取2.0m/s～3.0m/s。

9.3.2 离心泵进水管件应符合下列规定:

1 水泵进口最低点位于进水池最高运行水位以下时,应设截流设施。
　　2 进水管进口应设喇叭管,喇叭口流速宜取 1.0m/s～1.5m/s,喇叭口直径宜等于或大于1.25倍进水管直径。

9.3.3 离心泵或小口径轴流泵、混流泵的进水管喇叭口与建筑物距离应符合下列规定:
　　1 喇叭口中心的悬空高度应符合下列规定:
　　　　1)喇叭管垂直布置时,宜取(0.6～0.8)D(D 为喇叭管进口直径);
　　　　2)喇叭管倾斜布置时,宜取(0.8～1.0)D;
　　　　3)喇叭管水平布置时,宜取(1.0～1.25)D;
　　　　4)喇叭口最低点悬空高度不应小于0.5m。
　　2 喇叭口中心的淹没深度应符合下列规定:
　　　　1)喇叭管垂直布置时,宜大于(1.0～1.25)D;
　　　　2)喇叭管倾斜布置时,宜大于(1.5～1.8)D;
　　　　3)喇叭管水平布置时,宜大于(1.8～2.0)D。
　　3 喇叭管中心与后墙距离宜取(0.8～1.0)D,同时应满足管道安装的要求;
　　4 喇叭管中心与侧墙距离宜取1.5D;
　　5 喇叭管中心至进水室进口距离应大于4D;
　　6 流量较大,且采用喇叭口进水的水泵装置,应采取适当的消涡措施。

9.3.4 离心泵出水管件应符合下列规定:
　　1 水泵出口应设工作阀门和检修阀门;
　　2 出水管工作阀门的额定工作压力及操作力矩,应满足水泵关阀启动的要求;
　　3 出水管不宜安装普通逆止阀;
　　4 出水管应安装伸缩节,其安装位置应便于水泵和管路、阀门的安装和拆卸;

5 进水钢管穿墙时,宜采用刚性穿墙管,出水钢管穿墙时宜采用柔性穿墙管。

9.4 过渡过程及产生危害的防护

9.4.1 有可能产生水锤危害的泵站,在各设计阶段均应进行事故停泵水锤计算。

9.4.2 当事故停泵瞬态特性参数不能满足下列要求时,应采取防护措施:

1 离心泵最高反转速度不应超过额定转速的1.2倍,超过额定转速的持续时间不应超过2min;

2 立式机组在低于额定转速40%的持续运行时间不应超过2min;

3 最高压力不应超过水泵出口额定压力的1.3倍~1.5倍。

4 输水系统任何部位不应出现水柱断裂。

9.4.3 真空破坏阀应有足够的过流面积,动作应准确可靠;用拍门或快速闸门作为断流设施时,其断流时间应满足控制反转转速和水锤防护的要求。

9.4.4 高扬程、长压力管道的泵站,工作阀门宜选用两阶段关闭的液压操作阀。

9.5 真空及充水系统

9.5.1 泵站有下列情况之一者宜设真空、充水系统:

1 具有虹吸式出水流道的轴流泵站和混流泵站;

2 需进行初扬水充水的中高扬程离心泵站;

3 卧式泵叶轮中心淹没深度低于叶轮直径的3/4时。

9.5.2 真空泵宜设2台,互为备用,其容量确定应符合下列规定:

1 轴流泵和混流泵抽除流道内最大空气容积的时间宜取10min~20min;

2 离心泵单泵抽气充水时间不宜超过5min。

9.5.3 采用虹吸式出水流道的泵站,可利用已运行机组的驼峰负压,作为待启动机组抽真空之用,但抽气时间不应超过 10min～20min。

9.5.4 抽真空系统应密封严实。

9.6 排 水 系 统

9.6.1 泵站应设机组检修及泵房渗漏水的排水系统,泵站有调相要求时,应兼顾调相运行排水。检修排水与其他排水合成一个系统时,应有防止外水倒灌的措施,并宜采用自流排水方式。

9.6.2 排水泵不应少于 2 台,其流量确定应符合下列规定：

　　1 无调相运行要求的泵站,检修排水泵可按 4h～6h 排除单泵流道积水和上、下游闸门漏水量之和确定;

　　2 采用叶轮脱水方式作调相运行的泵站,按一台机组检修,其余机组调相的排水要求确定;

　　3 渗漏排水自成系统时,可按 15min～20min 排除集水井积水确定,并设 1 台备用泵。

9.6.3 渗漏排水和调相排水应按水位变化实现自动操作,检修排水宜采用自动操作,也可采用手动操作。

9.6.4 叶轮脱水调相运行时,流道内水位应低于叶轮下缘 0.3m～0.5m。

9.6.5 排水泵出口管道上应装设止回阀和检修阀。无冰冻地区,排水泵的排水管出口上缘宜低于进水池最低运行水位;冰冻地区,排水泵的排水管出口下缘宜高于进水池最高运行水位。

9.6.6 采用集水廊道时,其尺寸应满足人工清淤的要求,廊道的出口不应少于 2 个。采用集水井时,井的有效容积按 6h～8h 的漏水量确定。

9.6.7 在主泵进、出水管道的最低点或出水室的底部,应设放空管。排水管道应有防止水生生物堵塞的措施。

9.6.8 泵房内生产及生活污水的排放,应符合现行国家标准《污水综合排放标准》GB 8978 的有关规定。

9.7 供 水 系 统

9.7.1 泵站应设主泵机组和辅助设备的冷却、润滑、密封、消防等技术用水以及运行管理人员生活用水的供水系统。

9.7.2 供水系统应满足用水对象对水质、水压和流量的要求,取水口不应少于 2 个。水源含沙量较大或水质不满足要求时,应进行净化处理,或采用其他水源。生活饮用水应符合现行国家标准《生活饮用水卫生标准》GB 5749 的规定。

9.7.3 采用自流供水方式时,可直接从主泵出水管取水;采用水泵供水方式时,应设能自动投入工作的备用泵。有条件时,可采用循环供水方式。

9.7.4 供水管内流速宜按 2m/s～3m/s 选取,供水泵进水管流速宜按 1.5m/s～2.0m/s 选取。

9.7.5 采用水塔(池)集中供水时,其有效容积应符合下列规定:

1 轴流泵站和混流泵站取全站 15min 的用水量;

2 离心泵站取全站 2h～4h 的用水量;

3 满足全站停机期间的生活用水需要。

9.7.6 每台供水泵应有单独的进水管,管口应有拦污设施,并易于清污;水源污物较多时,宜设备用进水管。

9.7.7 沉淀池或水塔应有排沙清污设施,在寒冷地区还应有防冻保温措施。

9.7.8 供水系统应装设滤水器,在密封水及润滑水管路上还应加设细网滤水器,滤水器清污时供水不应中断。

9.7.9 消防给水宜与技术供水、生活供水系统相结合,也可设置单独的消防给水系统。

9.7.10 主泵房、辅机房、室外变电站、露天油罐或厂外地面油罐室均应设置消火栓。主泵房内电动机层消火栓的间距不宜大于30m,主泵房周围的室外消火栓间距不宜大于 80m。

9.7.11 消防水管的布置应符合下列规定：

1 一组消防水泵的进水管不应少于 2 条,其中 1 条损坏时,其余的进水管应能通过全部用水量;消防水泵宜用自灌式充水;

2 室内消火栓的布置,应保证有 2 支水枪的充实水柱同时到达室内任何部位;

3 室内消火栓应设于明显、易于取用的地点,栓口离地面高度应为 1.1m,其出水方向与墙面应成 90°角;

4 室外消防给水管道直径不应小于 100mm。

9.7.12 室内消防用水量应按 2 支水枪同时使用计算,每支水枪用水量不应小于 2.5L/s。同一建筑物内应采用同一规格的消火栓、水枪和水带,每根水带长度不应超过 25m。

9.8 压缩空气系统

9.8.1 泵站应根据机组的结构和要求,设置机组制动、检修、防冻吹冰、密封围带、油压装置及破坏真空等用气的压缩空气系统。

9.8.2 压缩空气系统应满足各用气设备的用气量、工作压力及相对湿度的要求,根据需要可分别设置低压和中压系统。

9.8.3 低压系统应设贮气罐,其总容积可按全部机组同时制动的总耗气量及最低允许压力确定。

9.8.4 低压空气压缩机的容量可按 15min～20min 恢复贮气罐额定压力确定。低压系统宜设 2 台空气压缩机,互为备用,或以中压系统减压作为备用。

9.8.5 中压空气压缩机宜设 2 台,总容量可按 2h 内将 1 台油压装置的压力油罐充气至额定工作压力值确定。

9.8.6 空气压缩机宜按自动操作设计,贮气罐应设安全阀、排污阀及压力信号装置。

9.8.7 空气压缩机和贮气罐宜设于单独的房间内。主供气管道应有坡度,并在最低处装设集水器和放水阀。空气压缩机出口管道上应设油水分离器。自动操作时,应装卸荷阀和温度继电器以及监视冷却水中断的示流信号器。

9.8.8 供气管直径应按空气压缩机、贮气罐、用气设备的接口要求,并结合经验选取。

9.9 供 油 系 统

9.9.1 泵站应根据需要设置机组润滑、叶片调节、油压启闭等用油的透平油供油系统。系统应满足贮油、输油和油净化的要求。

9.9.2 透平油供油系统宜设置不少于2只容积相等、分别用于贮存净油和污油的油桶。每只透平油桶的容积,可按最大一台机组、油压装置或油压启闭设备中最大用油量的1.1倍确定。

9.9.3 油处理设备的种类、容量及台数应根据用油量选择。泵站不宜设油再生设备和油化验设备。

9.9.4 梯级泵站或泵站群宜设中心油系统,配置油分析与油化验设备,加大贮油及油净化设备的容量和台数,并根据情况设置油再生设备。每个泵站宜设能贮存最大一台机组所需油量的净油容器一个。

9.9.5 机组台数在4台及4台以上时,宜设供、排油总管。机组充油时间不宜大于2h。机组少于4台时,可通过临时管道直接向用油设备充油。

9.9.6 装有液压操作阀门的泵站,在低于用油设备的地方宜设漏油箱,其数量可根据液压阀的数量确定。

9.9.7 油桶及变压器事故排油不应污染水源或污染环境。

9.10 起重设备及机修设备

9.10.1 泵站应设起重设备,其额定起重量应根据最重吊运部件和吊具的总重量确定。起重机的提升高度应满足机组安装和检修的要求。

9.10.2 起重量等于或小于5t、主泵台数少于4台时,宜选用电动单梁起重机;起重量大于5t时,宜选用电动单梁或双梁起重机。

9.10.3 起重机应采用轻级、慢速的工作制。制动器及电气设备应采用中级的工作制。

9.10.4 起重机跨度级差应按 0.5m 选取,起重机轨道两端应设阻进器。

9.10.5 泵站可配置简单的检测和修理工具。

9.10.6 泵站可适当配置供维修与安装用的汽车、手动葫芦和千斤顶等起重运输设备。

9.11 采暖通风与空气调节

9.11.1 泵房通风与采暖方式应根据当地气候条件、泵房形式及对空气参数的要求确定。

9.11.2 地面式泵房宜采用自然通风。当自然通风不能满足要求时,可采用自然与机械联合通风、全机械通风、局部空气调节等方式。封闭式泵房在有条件利用孔洞形成热压差使空气对流并满足室内空气参数要求时,可采用自然通风或部分自然通风结合机械通风的方式。当室内空气参数不满足要求时,可采用空气调节装置。

9.11.3 主电动机宜采用管道通风、半管道通风或空气密闭循环通风。风沙较大的地区,进风口宜设防尘滤网。

9.11.4 油罐室和阀控式密封铅酸蓄电池室的换气次数不应少于 3 次/h,油处理室和防酸隔爆型铅酸蓄电池室的换气次数不应少于 6 次/h。室内空气严禁循环使用。

9.11.5 油罐室、油处理室和蓄电池室应分别设置独立的机械通风系统,室内应保持负压。通风系统的排风口应高出屋顶 1.5m。风机和配套电动机应选用防爆型。

9.11.6 蓄电池室温度宜保持在 10℃～35℃。不设采暖设备时,室内最低温度不得低于 0℃。

9.11.7 中控室和通信室的温度不宜低于 15℃,当不能满足时应有采暖设施,但不得采用火炉。电动机层宜优先利用电动机热风采暖,其室温在5℃及其以下时,应有其他采暖设施。严寒地区的泵站在非运行期间,可根据当地情况设置采暖设备。

9.11.8 主泵房和辅机房夏季室内空气参数宜按表9.11.8-1及表9.11.8-2的规定选用。

表9.11.8-1 主泵房夏季室内空气参数表

部位	室外计算温度(℃)	地面式泵房			地下式或半地下式泵房		
		温度(℃)	相对湿度(%)	平均风速(m/s)	温度(℃)	相对湿度(%)	平均风速(m/s)
电动机层工作地带	<29	<32	<75	不规定	<32	<75	0.2~0.5
	29~32	比室外高3	<75	0.2~0.5	比室外高2	<75	0.5
	>32	比室外高3	<75	0.5	比室外高2	<75	0.5
水泵层		<33	<80	不规定	<33	<80	不规定

表9.11.8-2 辅机房夏季室内空气参数表

部位	室外计算温度(℃)	地面式辅机房			地下式或半地下式辅机房		
		温度(℃)	相对湿度(%)	平均风速(m/s)	温度(℃)	相对湿度(%)	平均风速(m/s)
中控室、通信室	<29	<32	<70	0.2	<32	≤70	不规定
	29~32	<32	<70	0.2~0.5	比室外高2	≤70	0.2
	>32	<32	<70	0.5	<33	≤70	0.2~0.5
开关室站用变压器室		≤40	不规定	不规定	≤40	不规定	不规定
蓄电池室		≤35	≤75	不规定	≤35	不规定	不规定

9.12 水力机械设备布置

9.12.1 泵房水力机械设备布置应满足设备运行、维护、安装和检修的要求,并做到整齐、美观。

9.12.2 立式泵机组的间距应取下列的大值:

1 电动机风道盖板外径与不小于1.5m宽的运行通道的尺寸总和;

2 进水流道最大宽度与相邻流道之间的闸墩厚度的尺寸

总和。

9.12.3 机组段长度应按本规范第9.12.2条的规定确定。当泵房分缝或需放置辅助设备时,可适当加大。

9.12.4 卧式泵进水管中心线的距离应符合下列规定:

　　1 单列布置时,相邻机组之间的净距不应小于1.8m～2.0m;

　　2 双列布置时,管道与相邻机组之间的净距不应小于1.2m～1.5m;

　　3 就地检修的电动机应满足转子抽芯的要求;

　　4 应满足进水喇叭管布置、管道阀门布置及水工布置的要求。

9.12.5 边机组段长度应满足设备吊装以及楼梯、交通道布置的要求。

9.12.6 安装检修间长度可按下列原则确定:

　　1 立式机组应满足一台机组安装或扩大性大修的要求。机组检修应充分利用机组间的空地。在安装间,除了放置电动机转子外,尚应留有运输最重件的汽车进入泵房的场地,长度可取1.0倍～1.5倍机组段长度;

　　2 卧式机组应满足设备进入泵房的要求,但不宜小于5.0m。

9.12.7 主泵房宽度应按下列原则确定:

　　1 立式机组泵房宽度应由电动机或风道最大尺寸、上下游侧设备布置及吊装、上下游侧运行维护通道所要求的尺寸确定。电动机层和水泵层的上下游侧均应有运行维护通道,其净宽不宜小于1.5m;当一侧布置有操作盘柜时,其净宽不宜小于2.0m。水泵层的运行通道还应满足设备搬运的要求;

　　2 卧式机组泵房宽度应根据水泵、阀门和所配置的其他管件尺寸,并满足设备安装、检修以及运行维护通道或交通道布置的要求确定。

9.12.8 主泵房电动机层以上净高应符合下列规定:

1 立式机组应满足水泵轴或电动机转子联轴的吊运要求。当叶轮调节机构为机械操作时,还应满足调节杆吊装的要求;

　　2 卧式机组应满足水泵或电动机整体吊运或从运输设备上整体装卸的要求;

　　3 起重机最高点与屋面大梁底部距离不应小于0.3m。

9.12.9 吊运设备与固定物的距离应符合下列要求:

　　1 采用刚性吊具时,垂直方向不应小于0.3m;采用柔性吊具时,垂直方向不应小于0.5m;

　　2 水平方向不应小于0.4m;

　　3 主变压器检修时,其抽芯所需的高度不得作为确定主泵房高度的依据。起吊高度不足时,应设变压器检修坑。

9.12.10 水泵层净高不宜小于4.0m,排水泵室净高不宜小于2.4m,排水廊道净高不宜小于2.2m。空气压缩机室净高应大于贮气罐总高度,且不应低于3.5m,并有足够的泄压面积。

9.12.11 在大型卧式机组的四周,宜设工作平台。平台通道宽度不宜小于1.2m。

9.12.12 装有立式机组的泵房,应有直通水泵层的吊物孔,尺寸应能满足导叶体吊运的要求。

9.12.13 在泵房的适当位置应预埋便于设备搬运或检修的挂环以及架设检修平台所需要的构件。

10 电　　气

10.1 供电系统

10.1.1 泵站的供电系统设计应以泵站所在地区电力系统现状及发展规划为依据,经技术经济论证,合理确定接入电力系统方式。

10.1.2 泵站负荷等级及供电方式应根据工程的性质、规模和重要性合理确定。采用双回线路供电时,应按每一回路承担泵站全部容量设计。

10.1.3 泵站的专用变电站,宜采用站、变合一的供电管理方式。

10.1.4 泵站供电系统应设生活用电,并与站用电分开设置。

10.2 电气主接线

10.2.1 电气主接线设计应根据泵站性质、规模、运行方式、供电接线以及泵站重要性等因素合理确定。接线应简单可靠、操作检修方便、节约投资。当泵站分期建设时,应便于过渡。

10.2.2 电气主接线的电源侧宜采用单母线接线,多机组、大容量和重要泵站也可采用单母线分段接线。

10.2.3 电动机电压侧宜采用单母线接线或单母线分段接线。

10.2.4 电动机电压母线进线回路应设置断路器。母线分段时亦应采用断路器联络。

10.2.5 站用变压器宜接在供电线路进线断路器的线路一侧,也可接在主电动机电压母线上;当设置2台及以上站用变压器,且附近有可靠外来电源时,宜将其中1台与外电源连接。

10.3 主电动机及主要电气设备选择

10.3.1 泵站电气设备选择应遵循下列原则:

1 性能良好、可靠性高、寿命长；

2 优先选用节能、环保型产品；

3 功能合理，经济适用；

4 小型、轻型、成套化，占地少；

5 维护检修方便，不易发生误操作；

6 确保运行维护人员的人身安全；

7 便于运输和安装；

8 对风沙、污秽、腐蚀性气体、潮湿、凝露、冰雪、地震等危害，应有防护措施；

9 设备噪声应符合现行国家标准《工业企业噪声控制设计规范》GBJ 87 的有关规定。

10.3.2 泵站主电动机的选择应符合下列规定：

1 主电动机的容量应按水泵运行可能出现的最大轴功率选配，并留有一定的储备，储备系数宜为 1.10～1.05。电动机的容量宜选标准系列；

2 主电动机的型号、规格和电气性能等应经过技术经济比较选定；

3 当技术经济条件相近时，电动机额定电压宜优先选用 10kV。

10.3.3 同步电动机应采用静止励磁装置。励磁调节器宜采用微机控制，并具有手动励磁电流闭环反馈调节功能。

10.3.4 主变压器的容量应根据泵站的总计算负荷以及机组启动、运行方式确定，并符合下列规定：

1 当选用 2 台及以上变压器时，宜选用相同型号和容量的变压器；

2 当选用不同容量和型号的变压器且需并列运行时，应符合变压器并列运行条件。

10.3.5 供电网络的电压偏移不能满足泵站要求时，宜选用有载调压变压器。

10.3.6 安装在室内的站用变压器、励磁变压器和补偿电容器宜选用干式。

10.3.7 6kV~10kV电动机断路器，应按回路负荷电流、短路电流、短路容量选择，并根据操作频繁度选择操作机构。

10.3.8 导体和电器的选择及校验除应符合本规范的规定外，尚应符合现行行业标准《导体和电器设备选择设计技术规定》SDGJ 14及《高压配电装置设计技术规程》SDJ 5的有关规定。

10.4 无功功率补偿

10.4.1 无功功率补偿及补偿容量可根据具体电网的要求而定。

10.4.2 采用静电电容器进行的无功功率补偿，电容器应分组，并能根据需要及时投入或退出运行。电容补偿装置宜选用成套电容器柜，并装设专用的控制、保护和放电设备。设备载流部分长期允许电流不应小于电容器组额定电流值的1.3倍。

10.5 机组启动

10.5.1 机组应优先采用全电压直接启动方式，并应符合下列规定：

  1 母线电压降不宜超过额定电压的15%；

  2 当电动机启动引起的电压波动不致破坏其他用电设备正常运行，且启动电磁力矩大于静阻力矩时，电压降可不受15%额定电压的限制；

  3 当对系统电压波动有特殊要求时，也可采用其他启动方式；

  4 必要时应进行启动分析，计算启动时间和校验主电动机的热稳定。

10.5.2 电动机启动计算应按供电系统最小运行方式和机组最不利的运行组合形式进行：

  1 当同一母线上全部连接同步电动机时，应按最大一台机组首先启动进行启动计算；

  2 当同一母线上全部连接异步电动机时，应按最后一台最大

机组的启动进行启动计算;

3 当同一母线上连接有同步电动机和异步电动机时,应按全部异步电动机投入运行,再启动最大一台同步电动机的条件进行启动计算。

10.6 站 用 电

10.6.1 泵站站用电设计应根据电气主接线及运行方式、枢纽布置条件和泵站特性进行技术经济比较确定。

10.6.2 站用变压器台数应根据站用电的负荷性质、接线形式和检修方式等因素综合确定,数量不宜超过2台。

10.6.3 站用变压器容量应满足可能出现的最大站用电负荷。采用2台站用变压器时,其中1台退出运行,另1台应能承担重要站用电负荷或短时最大负荷。

10.6.4 站用电压应采用380/220V三相四线制(或三相五线制)。当设置2台站用变压器时,站用电母线宜采用单母线分段接线,并装设备用电源自动投入装置。由不同电压等级供电的2台站用变压器低压侧不得并列运行,并设可靠闭锁装置。接有同步电动机励磁电源的站用变压器,宜将其高压侧与该电动机接在同一母线段上。

10.6.5 集中布置的站用电低压配电装置,应采用成套低压配电屏。对距离低压配电装置较远的站用电负荷,宜在负荷中心设置动力配电箱供电。

10.7 室内外主要电气设备布置及电缆敷设

10.7.1 泵站电气设备布置应符合下列规定:

1 应结合泵站枢纽总体规划,交通道路、地形、地质条件,自然环境和水工建筑物等特点进行布置,减少占地面积和土建工程量,降低工程造价;

2 布置应紧凑,并有利于主要电气设备之间的电气联接和安全运行，且检修维护方便。降压变电站应尽量靠近主泵房、辅机房；

3 泵站分期建设时，应按分期实施方案确定。

10.7.2 6kV～10kV高压配电装置和380/220V低压配电装置宜布置在单独的高、低压配电室内。高、低压配电室，中控室，电缆沟进、出口洞应有防止小动物等钻入和雨雪飘入室内的设施。

10.7.3 配电室的长度大于7m时，应设2个出口；大于60m时，应再增设1个出口。

10.7.4 电动机单机容量在630kW及以上，且机组在2台及以上时或单机容量在630kW以下，且机组台数在3台及以上时，应设中控室。

10.7.5 中控室的设计应符合下列规定：

1 便于运行和维护；

2 条件允许时，设置能从中控室瞭望机组的窗户或平台；

3 中控室面积应根据泵站规模、自动化水平等因素确定；

4 中控室噪声、温度和湿度应满足工作和设备运行环境要求。

10.7.6 油浸式站用、励磁变压器等充油设备如布置在室内，其油量为100kg以上时，应安装在单独的防爆专用小间内。站用变压器宜靠近低压配电装置布置。

10.7.7 干式变压器可不设单独的变压器小间。对无外罩的干式变压器应设置安全防护设施。

10.7.8 油浸变压器上部空间不得作为与其无关的电缆通道。干式变压器上部可通过电缆，但电缆与变压器顶部距离不得小于2m。

10.7.9 当机组自动屏、励磁屏等布置在机旁时，宜选用同一类型屏，采用一列式布置。

10.7.10 集中补偿的高压电容器宜设单独的电容器室。

10.7.11 中控室、主泵房和高、低压配电室内的电缆，应敷设在电缆支(桥)架上或电缆沟内托架上。电缆沟应设强度高、质量轻、便于移动的防火盖板。

微机保护,计算机监控系统、视频监视系统等弱电电缆与电力电缆并排敷设时,在可能的范围内远离。

10.7.12 电缆沟内应设置排水设施,排水坡度不宜小于2%。电缆管进、出口应采取防止水进入管内的措施。

10.7.13 室外直埋敷设的电缆,其埋设深度不宜小于0.7m。当冻土层厚度超过0.7m时,应采取防止电缆损坏的措施。

10.7.14 电缆敷设除应符合本规范的规定外,尚应符合现行国家标准《电力工程电缆设计规范》GB 50217的有关规定。

10.8 电气设备的防火

10.8.1 站区地面建筑物、室外电气设备周围及主泵房、辅机房均应设置消火栓。

10.8.2 油量为2500kg以上的油浸式变压器之间的防火净距应符合下列规定:

1 电压为35kV及以下时,不应小于5m;

2 电压为110kV时,不应小于8m;

3 电压为220kV时,不应小于10m。

10.8.3 当相邻2台油浸式变压器之间的防火间距不能满足要求时,应设置防火隔墙。隔墙顶高不应低于变压器油枕顶端高程,隔墙长度不应小于变压器贮油坑两端各加0.5m之和。

10.8.4 单台油量超过1000kg油浸式变压器及其他充油电气设备应设贮油坑和公用的贮油池,单台油量超过100kg站用变压器及其他充油设备应设油坑或挡油槛。

10.8.5 电力电缆与控制电缆应分层敷设。对非阻燃性分层敷设的电缆层间应采用耐火极限不小于0.5h的隔板分隔。

10.8.6 电缆隧道及沟道的下列部位应设防火分隔设施:

1 穿越泵房外墙处;

2 穿越控制室、配电装置室处；

3 公用主沟道的分支处；

4 动力电缆和控制电缆隧道每150m。

10.8.7 防火分隔物应采用非燃烧材料，其耐火极限不应低于0.75h。

10.8.8 消防设备的供电应按二类负荷设计，并采用单独的供电回路。

10.8.9 消防控制设备宜设在中央控制室内，采用消防水泵供水时，应在消火栓旁设消防水泵启动按钮。

10.9 过电压保护及接地装置

10.9.1 室外配电装置、架空进线、母线桥、露天油罐等重要设施均应装设防直击雷保护装置。

10.9.2 泵房房顶、变压器的门架上、35kV及以下高压配电装置的构架上，不得装设避雷针。

10.9.3 钢筋混凝土结构主泵房、中控室、配电室、油处理室、大型电气设备检修间等，可不设专用的防直击雷保护装置，但应将建筑物顶上的钢筋焊接成网与接地网连接。所有金属构件、金属保护网、设备金属外壳及电缆的金属外皮等均应可靠接地，并与总接地网连接。

10.9.4 在1kV以下中性点直接接地的电网中，电力设备的金属外壳宜与变压器接地中性线(零线)连接。

10.9.5 直接与架空线路连接的电动机应在母线上装设避雷器和电容器组。当避雷器和电容器组与电动机之间的电气距离超过50m时，应在电动机进线端加装一组避雷器。对中性点有引出线的电动机，还应在中性点装一只避雷器。避雷器应选用保护旋转电机的专用避雷器。架空线路进线段还应设置保护旋转电机相应的进线保护装置。

10.9.6 泵站应装设保护人身和设备安全的接地装置。接地装置应充分利用直接埋入地中或水中的钢筋、压力钢管、闸门槽、拦污栅槽等金属件,以及其他各种金属结构等自然接地体。当自然接地体的接地电阻常年都能符合要求时,不宜添设人工接地体;不符合要求时,应增设人工接地装置。接地体之间应焊接。

10.9.7 自然接地体与人工接地网的连接不应少于2点,其连接处应设接地测量井。

10.9.8 对小电流接地系统,其接地装置的接地电阻值不宜超过4Ω。采用计算机监控方式联合接地系统的泵站,接地电阻值不宜超过1Ω。对大电流接地系统,其接地装置的接地电阻值应按下式进行计算:

$$R \leqslant \frac{2000}{I} \qquad (10.9.8)$$

式中:R——接地装置的接地电阻值(Ω);

I——计算用的流经接地装置的入地短路电流(A)。

独立避雷针(线)宜装设独立的接地装置。在土壤电阻率高的地区,可与主接地网连接,但在地中连接导线的长度不应小于15m。

10.9.9 泵站的过电压保护和接地装置除应符合本节规定外,尚应符合现行国家标准《工业与民用电力装置的过电压保护设计规范》GBJ 64及《工业与民用电力装置的接地设计规范》GBJ 65的有关规定。

10.10 照 明

10.10.1 泵站应设置正常工作照明、事故照明以及必要的安全照明装置。

10.10.2 工作照明电源应由厂用电系统的380/220V三相四线制(或三相五线制)系统供电,照明装置电压宜采用交流220V;事故照明电源应由蓄电池或其他固定可靠电源供电;安装高度低于2.5m时,应有防止触电措施或采用12V~36V安全电压照明。

10.10.3 泵站各种场所的最低照度标准值,应按表10.10.3规定执行。

表10.10.3 泵站各种场所的最低照度标准值

工作场所地点	工作面名称	规定照度被照面	工作照明(lx) 混合	工作照明(lx) 一般	事故照明(lx)
一、主泵房和辅机房					
1.主机室(无天然采光)	设备布置和维护区	离地0.8m水平面	500	150	10
2.主机室(有天然采光)	设备布置和维护区	离地0.8m水平面	300	100	10
3.中控室(主环范围内)	控制盘上表针 操作屏台、值班台	控制盘上表针垂直面 控制台水平面	—	200 500	30
4.继电保护盘室、控制屏	屏前屏后	离地0.8m水平面		100	5
5.计算机房、通信室	设备上	离地0.8m水平面		200	10
6.高低压配电装置、母线室、变压器室	设备布置和维护区	离地0.8m水平面		75	3
7.电气试验室		离地0.8m水平面	300	100	—
8.机修间	设备布置和维护区	离地0.8m水平面	200	60	—
9.主要楼梯和通道		地面	—	10	0.5
二、室外					
1.35kV及以上配电装置	—	垂直面	—	5	
2.主要通道和车道		地面		1	
3.水工建筑物		地面		5	

10.10.4 泵站内外照明应采用光学性能和节能特性好的新型灯具,安装的灯具应便于检修和更新。

10.10.5 在正常工作照明消失后仍需工作的场所和运行人员来

往的主要通道均应装设事故照明。

10.11 继电保护及安全自动装置

10.11.1 泵站的电力设备和馈电线路应装设主保护和后备保护。在主保护或断路器拒绝动作时,应分别由元件本身的后备保护或相邻元件的保护装置切除故障。

10.11.2 继电保护装置应满足可靠性、选择性、灵敏性和快速性的要求。保护装置动作的时限级差,可取 0.5s～0.7s;当采用微机保护装置时,可取 0.3s～0.4s。

10.11.3 保护装置的灵敏系数应根据最不利的运行方式和故障类型计算确定,灵敏系数 K_m 不应低于表 10.11.3 规定值。

表 10.11.3 保护装置的灵敏系数

保护类型	组成元件	灵敏系数	备 注
变压器、电动机纵联差动保护	差电流元件	2	—
变压器、电动机线路电流速断保护	电流元件	2	—
电流保护或电压保护	电流元件和电压元件	1.3～1.5	当为后备保护时可为 1.2
后备保护	电流电压元件	1.5	按相邻保护区末端短路计算
零序电流保护	电流元件	1.5	—

10.11.4 泵站主电动机电压母线进线应装设下列保护:

1 带时限电流速断保护。其整定值应大于 1 台机组启动、其余机组正常运行和站用电满负荷时的电流值,动作于断开进线断路器。当母线设有分段断路器时,可设带时限电流速断,比母联断路器延时一个时限动作;

2 带时限的低电压保护。其电压整定值应为 40%～50%额定电压,时限宜为 1s,应断开进线断路器;

3 母线单相接地故障,应动作于信号。

10.11.5 对电动机相间短路,应采用下列保护方式:

1 额定容量为 2000kW 及以上的电动机,应采用纵联差动保护装置;

2 额定容量为 2000kW 以下的电动机,应采用两相式电流速断保护装置。当采用两相式电流速断保护装置不能满足灵敏系数要求时,应采用纵联差动保护装置。上述保护装置均应动作于断开电动机断路器。

10.11.6 电动机应装设低电压保护。电压整定值应为 40%~50%额定电压,时限宜为 0.5s,动作于断开电动机断路器。

10.11.7 电动机单相接地故障,当接地电流大于 5A 时,应装设有选择性的单相接地保护。单相接地电流不大于 10A 时,可动作于断开电动机断路器或信号;单相接地电流大于 10A 时,应动作于断开电动机断路器。

10.11.8 电动机应装设过负荷保护。同步电动机过负荷保护应带两阶时限:第一阶时限应动作于信号;第二阶时限应动作于断开断路器。异步电动机过负荷保护宜动作于信号,也可断开电动机断路器。动作时限均应大于机组启动时间或在机组启动时闭锁。

10.11.9 同步电动机应装设失步与失磁保护。失步保护应带时限断开电动机断路器。失磁保护应瞬时断开电动机断路器。失步保护可采用下列方式之一:

1 反应转子回路出现的交流分量;

2 反应定子电压与电流间相角的变化;

3 短路比为 0.8 及以上的电动机采用反应定子过负荷。

10.11.10 机组应设轴承温度升高和过高保护。温度升高动作于信号,温度过高动作于断开电动机断路器。

10.11.11 泵站专用供电线路不应设自动重合闸装置。

10.11.12 站用电备用电源自动投入装置应符合下列规定:

1 当任一段低压母线失去电压时,应能动作;

2 应装设电气闭锁或机械闭锁,在母线电源断开后,才允许备用电源投入；

3 备用电源自动投入装置应只允许投入一次。

10.11.13 泵站可逆式电机,站、变合一的降压变电站及静电容器的保护装置,应符合现行国家标准《电力装置的继电保护和自动装置设计规范》GB 50062 的有关规定。

10.12 自动控制和信号系统

10.12.1 泵站的自动化程度及远动化范围应根据泵站调度及运行管理要求确定。

10.12.2 大、中型泵站,应按"无人值班(少人值守)"控制模式采用计算机监控系统控制。

10.12.3 泵站主机组及辅助设备按自动控制设计时,应符合下列规定：

1 应以一个命令脉冲使机组按规定的顺序开机或停机,同时发出信号指示；

2 机组辅助设备包括油、气、水系统等,均应能实现自动和手动操作。

10.12.4 泵站设置的信号系统,应能发出区别故障和事故的音响和信号。对采用计算机监控系统的泵站,其功能应由计算机监控系统完成。

10.12.5 大型泵站宜设置视频监视系统,监视机组、降压站、闸门、辅机等主要设备的运行状况。

10.13 测量表计装置

10.13.1 泵站高压异步电动机应装设有功功率表、电流表或多功能测量仪表。高压同步电动机定子回路应装设电流表、有功功率表、无功功率表、功率因数表、有功电度表及无功电度表。转子回路应装设励磁电流表及励磁电压表,也可在中控室装设功率因数表。对装设测保一体化装置的电动机回路,在非组屏安装的情况下，也可不装以上仪表。

10.13.2 根据泵站检测与控制的要求，可装设自动巡回检测装置和遥测系统。

10.13.3 主变压器或进线应装设电流表、电压表、有功功率表、无功功率表、频率表、功率因数表、有功电度表及无功电度表。有调相任务的机组还应装设带分时计量的双向有功、无功电度表。

10.13.4 主电动机电压母线上应装设带切换开关的测量相电压和相间电压的电压表。

10.13.5 静电电容器装置的总回路应分相设置电流表，在分组回路中可只设置一只电流表。总回路应设置无功功率表和无功电度表。

10.13.6 站用变压器低压侧应装设有功电度表、电流表及带切换开关的电压表。

10.13.7 直流系统应装设直流电流表、直流电压表及绝缘监视仪。

10.13.8 泵站测量仪器仪表装置的设计和电能计量仪表装置的配置，除应符合上述规定外，尚应符合现行国家标准《电力装置的电气测量仪表装置设计规范》GB 50063 的有关规定。

10.14 操 作 电 源

10.14.1 操作电源应保证对继电保护、自动控制、信号回路等负荷的连续可靠供电。

10.14.2 泵站操作电源宜采用直流系统，宜只设 1 组蓄电池，并按浮充电方式运行。直流操作电压可采用 110V 或 220V，其他所需直流电压可采用 DC/DC 装置进行变换。

10.14.3 蓄电池组的容量应符合下列规定：

  1 全站事故停电时的用电容量，停电时间宜按 1h 计算；
  2 全站最大冲击负荷容量。

10.15 通　　信

10.15.1 泵站应设置包括水、电的生产调度通信和行政管理通信的通信设施。通信方式应根据泵站规模、地方供电系统要求、生产管理体制、生活区位置等因素规划设计。泵站宜采用光纤、有线、无线、电力载波等通信方式。对担负防汛任务的泵站,还应满足防汛通信要求。

10.15.2 泵站生产调度通信和行政通信可根据具体情况合并或分开设置。梯级泵站宜设置单独的调度通信设施,其配置应与调度运行方式相适应。

10.15.3 通信设备的容量应根据泵站规模、枢纽布置及自动化和远动化的程度等因素确定。

10.15.4 泵站与电力系统间的联系宜采用电力载波或光纤通信。

10.15.5 通信装置应设不小于48h的供电电源。

10.16 电气试验设备

10.16.1 梯级泵站、集中管理的泵站群以及大型泵站可设置中心电气试验室,并符合下列规定:

 1 应能进行本站及其管辖范围内各泵站电气设备的检修、调试与校验;

 2 能对35kV及以下的电气设备进行预防性试验。

10.16.2 对距电气试验中心较远或交通不便的泵站,宜配备电气试验设备。

11 闸门、拦污栅及启闭设备

11.1 一般规定

11.1.1 泵站进水侧应设置拦污设备和检修闸门,出水侧应设置拍门、快速闸门、蝴蝶阀或真空破坏阀等断流设备。当引水建筑物有防淤或控制水位要求时,应设置工作闸门。

11.1.2 拦污栅应综合考虑来污量、污物性质、泵站布置和泵型等因素合理布置,并满足本规范第 5.1.7 条的规定。当拦污栅布置在前池进口处,宜在泵站进口设置防护栅。拦污栅宜配备起吊设备,并采取适当的清污措施,可取人工或提栅清污。当来污量大时,应采取机械清污。清污平台宜结合交通桥布置,并满足污物转运要求。

11.1.3 采用拍门或快速闸门断流的泵站,其出水侧还应设置事故闸门或经论证设置检修闸门;采用真空破坏阀断流的泵站,可根据水位情况决定设置防洪闸门或检修闸门,不设闸门应经充分论证。

11.1.4 拍门、快速闸门及事故闸门门后应设通气孔,通气孔应有防护设施。通气孔面积可按下式计算确定:

$$S \geqslant (0.015 \sim 0.03)A \qquad (11.1.4)$$

式中:S——通气孔面积(m^2);

A——孔口(管道)面积(m^2)。

11.1.5 拍门或快速闸门停泵闭门操作宜与事故闸门联动控制,保证发生事故时事故闸门及时闭门断流。拍门、快速闸门和事故闸门启闭设备应能现地操作和远方控制操作,并应设置备用操作电源。

11.1.6 检修闸门的数量应根据机组台数、工程重要性及检修条件等因素确定,一般每 3 台~6 台机组宜设置 2 套;6 台机组以上每增加 4 台~6 台可增设 1 套。特殊情况经论证可予增减。

11.1.7 后止水检修闸门宜采用反向预压装置。

11.1.8 检修闸门和事故闸门宜设置充水平压装置。

11.1.9 严寒地区冰冻期运行的工作闸门和事故闸门应有防冰冻措施。

11.1.10 两道闸门门槽之间及门槽与拦污栅槽之间的距离应满足闸门和拦污栅安装、维修及启闭设备布置要求,最小净距宜大于 1.5m。拍门外缘至闸墩或底槛的最小净距宜大于 0.20m。

11.1.11 闸门、拦污栅及其启闭设备的埋件安装,宜采用二期混凝土浇筑方式。多孔共用的检修闸门,其门槽埋件的安装精度应满足一门多孔使用要求。

11.1.12 闸门、拦污栅和启闭设备及埋件应根据水质情况和运用条件,采取有效的防腐蚀措施。自多泥沙水源取水的泵站,应有防淤措施。

11.1.13 闸门的孔口尺寸,可按现行行业标准《水利水电工程钢闸门设计规范》SL 74 中闸门孔口尺寸和设计水头系列标准选定。

11.1.14 闸门、拦污栅设计计算及启闭力计算应按现行行业标准《水利水电工程钢闸门设计规范》SL 74 的有关规定执行。

11.1.15 固定启闭机宜设置启闭机房。启闭机房和检修平台的高程及工作空间,应满足闸门和拦污栅及启闭机安装、运行及检修要求。

11.2 拦污栅及清污机

11.2.1 采用人工清污时,过栅流速宜取 0.6m/s~0.8m/s;采用机械清污时,过栅流速宜取 0.6m/s~1.0m/s。

11.2.2 拦污栅宜采用活动式。栅体可直立布置,也可以倾斜布置。倾斜布置时,栅体与水平面的夹角宜取 70°~80°。采用机械清污方式的拦污栅可根据清污机的型式采用倾斜布置或直立布置。

11.2.3 拦污栅设计水位差可按 1.0m～2.0m 选用,特殊情况可酌情增减。有流冰并于流冰期运用时,应计入壅冰影响。

11.2.4 拦污栅栅条净距应根据水泵型号和运行工况确定,但最小净距不小于 50mm。在满足保护水泵机组的前提下,拦污栅栅条净距可适当加大。

11.2.5 拦污栅栅条宜采用扁钢制作。栅体构造应满足清污要求。

11.2.6 机械清污的泵站,根据来污量、污物性质及水工布置等因素可选用液压抓斗式、耙斗式或回转式清污机。清污机应运行可靠、操作方便、结构简单。

11.2.7 清污机应设置过载保护装置和自动运行装置。

11.2.8 自多泥沙水源取水的泵站,其清污机水下部件应有抗磨损和防淤措施。

11.3 拍门及快速闸门

11.3.1 拍门和快速闸门选型应根据机组类型、水泵扬程与口径、流道形式、水泵启动方式和闸门孔口尺寸等因素确定。单泵流量 $8m^3/s$ 及以下时,可选用整体自由式拍门;单泵流量大于 $8m^3/s$,可选用快速闸门、双节自由式拍门或整体控制式拍门。

11.3.2 拍门和快速闸门事故停泵闭门时间应满足机组保护要求。

11.3.3 设计工况下整体自由式拍门开启角应大于 60°;双节自由式拍门上节门开启角宜大于 50°,下节门开启角宜大于 65°,上下门开启角差不宜大于 20°。增大拍门开度可采用减小门重、调整重心、采用空箱结构或于空箱中填充轻质材料等措施。当采用加平衡重措施时,应有充分论证。

11.3.4 双节式拍门的下节门宜采用部分或全部空箱结构。上下门高度比可取 1.5～2.0。

11.3.5 轴流泵机组用快速闸门或有控制的拍门作为断流装置时,应有安全泄流设施。泄流设施可布置在门体或胸墙上。泄流孔的面积可根据机组安全启动要求,按水力学孔口出流公式试算确定。

11.3.6 拍门、快速闸门的结构应保证足够的强度、刚度和稳定性;荷载计算应考虑由于停泵产生的撞击力。

11.3.7 拍门、快速闸门宜采用焊接钢结构制作;经计算论证,平面尺寸小于 1.2m 的拍门可采用铸铁或采用具有抗冲击性能的非金属材料制作。

11.3.8 拍门铰座应采用铸钢制作。吊耳孔宜加设耐磨衬套,并宜做成长圆形,其圆心距可取 10mm～20mm。

11.3.9 拍门、快速闸门应设缓冲装置。

11.3.10 拍门的止水橡皮和缓冲橡皮宜设在门框上,并便于安装及更换。

11.3.11 拍门宜倾斜布置,其倾角可取 10°左右。拍门止水工作面宜与门框进行整体机械加工。

11.3.12 拍门铰座宜与门框成套制作。门框宜采用二期混凝土浇筑。对于成套供货的拍门,其门框与管道可采用法兰连接或焊接。

11.3.13 自由式拍门开启角和闭门撞击力可按本规范附录 C 和附录 D 计算。

11.3.14 快速闸门闭门速度和闭门撞击力可按本规范附录 E 计算。

11.4 启闭设备

11.4.1 启闭设备的型式应根据泵站布置、闸门(拦污栅)型式、孔口尺寸、数量、启闭时间要求和运行条件等,经技术经济比较后选定。工作闸门和事故闸门宜选用固定式启闭机;有控制的拍门宜选用液压式快速闸门启闭机;快速闸门宜选用液压式快速闸门启闭机,也可选用卷扬式快速闸门启闭机;检修闸门和拦污栅宜选用卷扬启闭机、螺杆启闭机或电动葫芦,当孔口数量较多时,宜选用移动式启闭机或移动式电动葫芦。

11.4.2 启闭机设计应按现行行业标准《水利水电工程启闭机设计规范》SL 41 的有关规定执行。

11.4.3 卷扬式和液压式快速闸门启闭机应设现地紧急手动释放装置。

11.4.4 卷扬启闭机宜选用镀锌钢丝绳。

11.4.5 启闭机房宜配置适当的检修起吊设施或设备。启闭机与机房墙面及两台启闭机间净距均不应小于 0.8m。

12 安全监测

12.1 工程监测

12.1.1 根据工程等别、地基条件、工程运用及设计要求，泵站应设置变形、渗流、水位等监测项目，并宜设应力、泥沙等监测项目，必要时还可设振动专项监测。

12.1.2 垂直位移宜埋设水准标点，采用水准法进行测量；水平位移宜设水平位移测墩，采用视准线、交汇等方法进行观测。垂直位移和水平位移监测的工作基点及校核基点宜布置在建筑物两岸变形影响区域外，且便于观测的坚实基础上，两端各布置1个。

12.1.3 扬压力监测可通过埋设在建筑物下的测压管或渗压计进行。监测点应布设在与主泵房轴线垂直的横向监测断面上。每个横断面上的监测点不宜少于3点，并至少应在3个横断面布置监测点。

12.1.4 多泥沙水源泵站应对进水池内泥沙淤积部位和高度进行监测，并在出水渠道上选择一长度不小于50m的平直段设置3个监测断面，对水流的含沙量、渠道输沙量和淤积情况进行测量分析。

12.1.5 应通过理论计算，分别在泵房结构应力和振动位移最大值的部位埋设或安置相应的监测设备。

12.2 水力监测

12.2.1 泵站应设置水力监测系统，应根据泵站的性质和特点设置水位、压力、流量等监测项目。

12.2.2 泵站进、出水池应设置水位标尺，根据泵站管理的要求可加装水位传感器或水位报警装置。来水污物较多的泵站还应对拦污栅前后的水位落差进行监测。

12.2.3 水泵进、出口及虹吸式出水流道的驼峰顶部应设真空或压力监测设备,真空表精度等级宜选择 1.5 级。根据泵站的需要还可同时安装相应的压力传感器。

12.2.4 泵站应装设累计水量及单泵流量的监测设备,并在合理位置设置对流量监测设备进行标定所必需的设施。

12.2.5 对配有肘形、钟形或渐缩形进水流道的大型泵站,可采用进水流道差压法并配合水柱差压计或差压流量变送器进行流量监测。设计时应按规定要求设置预埋件,埋设取压管并将其引至泵房下层。对于有等断面管道(或流道)的泵站可采用测量流速的方法对差压流量计进行标定;对于流道断面不规则的泵站可采用盐水浓度法等对差压流量计进行标定测量。

12.2.6 装有进水喇叭管的轴流泵站,可采用喇叭口差压法,配合水柱差压计或差压流量变送器进行流量监测。测压孔的位置应在叶片进口端与前导锥尖之间选取,宜与来流方向成 45°对称布置 4 个测压孔,连接成匀压环。差压流量计的标定宜在水泵生产厂或流量标定站进行。当在泵站现场标定时,应根据现行行业标准《泵站现场测试规程》SD 140 和泵站的具体条件选定标定方法,在设计中应根据标定测量的要求设置必要的预埋件。

12.2.7 对进、出水管道系统没有稳定的差压可供利用的抽水装置,当管道较长时,可在出水管道上装置钢板焊接的文丘里管测定流量,并合理选择流量测量仪表。也可考虑采用超声波法测流。

12.2.8 对进水管装有 90°或 45°弯头或出水管装有 90°弯头的中型卧式离心泵或混流泵泵站,可利用弯头内侧与外侧的水流压力差,配备水柱差压计或差压流量变送器进行流量监测。弯头流量系数应在实验室或泵站现场进行率定。

附录 A 泵房稳定分析有关数据

A.0.1 泵房基础底面与地基之间的摩擦系数值可按表 A.0.1 采用。

表 A.0.1 摩擦系数值

地基类别		摩擦系数 f
粘土	软弱	0.20～0.25
	中等坚硬	0.25～0.35
	坚硬	0.35～0.45
壤土、粉质壤土		0.25～0.40
砂壤土、粉砂土		0.35～0.40
细砂、极细砂		0.40～0.45
中砂、粗砂		0.45～0.50
砂砾石		0.40～0.50
砾石、卵石		0.50～0.55
碎石土		0.40～0.50

A.0.2 土基上泵房基础底面与地基之间的摩擦角和粘结力值可按表 A.0.2 采用。

表 A.0.2 摩擦角和粘结力值

地基类别	摩擦角 ϕ_0(°)	粘结力 C_0(kPa)
粘性土	0.9ϕ	$(0.2～0.3)C$
砂性土	$(0.85～0.9)\phi$	0

注：表中 ϕ 为室内饱和固结快剪（粘性土）或饱和快剪（砂性土）试验测得的内摩擦角值(°)；C 为室内饱和固结快剪试验测得的粘结力值(kPa)。

A.0.3 岩基上泵房基础底面与岩石地基之间的抗剪断摩擦系数值、抗剪断粘结力值和摩擦系数值可按表 A.0.3 采用。如岩石地基内存在风化岩石、软弱结构面、软弱层(带)或断层的情况,抗剪断摩擦系数和抗剪断粘结力值应按现行国家标准《水利水电工程地质勘察规范》GB 50287 的有关规定选用。

表 A.0.3 岩基上泵房基础底面与岩石地基之间的抗剪断摩擦系数值、抗剪断粘结力值和抗剪摩擦系数值

岩体分类	抗剪断摩擦系数 f'	抗剪断粘结力 C'(MPa)	抗剪摩擦系数 f
Ⅰ	1.50～1.30	1.50～1.30	0.85～0.75
Ⅱ	1.30～1.10	1.30～1.10	0.75～0.65
Ⅲ	1.10～0.90	1.10～0.70	0.65～0.55
Ⅳ	0.90～0.70	0.70～0.30	0.55～0.40
Ⅴ	0.70～0.40	0.30～0.05	0.40～0.30

注:1 表中岩体即基岩,岩体分类标准应按现行国家标准《水利水电工程地质勘察规范》GB 50287 的规定执行;

2 表中参数限于硬质岩,软质岩应根据软化系数进行折减。

附录B 泵房地基计算及处理

B.1 泵房地基允许承载力

B.1.1 在只有竖向对称荷载作用下,限制塑性区开展深度可按下式计算:

$$[R_{1/4}] = N_B \gamma_B B + N_D \gamma_D D + N_C C \quad (B.1.1)$$

式中:$[R_{1/4}]$——限制塑性区开展深度,为泵房基础底面宽度的1/4时的地基允许承载力(kPa);

B——泵房基础底面宽度(m),按基础短边计;

D——泵房基础埋置深度(m);

C——地基土的粘结力(kPa);

γ_B——泵房基础底面以下土的重力密度(kN/m^3),地下水位以下取有效重力密度;

γ_D——泵房基础底面以上土的加权平均重力密度(kN/m^3),地下水位以下取有效重力密度;

N_B、N_D、N_C——承载力系数,见表B.1.1。

表 B.1.1 承载力系数

$\phi(°)$	N_B	N_D	N_C	$\phi(°)$	N_B	N_D	N_C	$\phi(°)$	N_B	N_D	N_C
0	0.000	1.000	3.142	9	0.160	1.641	4.048	18	0.431	2.725	5.310
1	0.014	1.056	3.229	10	0.184	1.735	4.168	19	0.472	2.887	5.480
2	0.029	1.116	3.320	11	0.209	1.834	4.292	20	0.515	3.059	5.657
3	0.045	1.179	3.413	12	0.235	1.940	4.421	21	0.561	3.243	5.843
4	0.061	1.246	3.510	13	0.263	2.052	4.555	22	0.610	3.439	6.036
5	0.079	1.316	3.610	14	0.293	2.170	4.694	23	0.662	3.648	6.238
6	0.098	1.390	3.714	15	0.324	2.297	4.839	24	0.718	3.872	6.449
7	0.117	1.469	3.821	16	0.358	2.431	4.990	25	0.778	4.111	6.670
8	0.138	1.553	3.933	17	0.393	2.573	5.146	26	0.842	4.366	6.902

续表 B.1.1

$\phi(°)$	N_B	N_D	N_C	$\phi(°)$	N_B	N_D	N_C	$\phi(°)$	N_B	N_D	N_C
27	0.910	4.640	7.144	32	1.336	6.343	8.550	37	1.954	8.815	10.371
28	0.984	4.934	7.399	33	1.441	6.765	8.876	38	2.109	9.437	10.799
29	1.062	5.249	7.665	34	1.555	7.219	9.220	39	2.278	10.113	11.253
30	1.147	5.588	7.946	35	1.678	7.710	9.583	40	2.462	10.846	11.734
31	1.238	5.951	8.240	36	1.810	8.241	9.966				

B.1.2 在既有竖向荷载作用,且有水平向荷载作用下,可按下式计算:

$$[R_h] = \frac{1}{K}(0.5\gamma_B B N_r S_r i_r + q N_q S_q d_q i_q + C N_C S_C d_C i_C) \quad (B.1.2-1)$$

$$S_r = 1 - 0.4\frac{B}{L} \quad (B.1.2-2)$$

$$S_q = S_C = 1 + 0.2\frac{B}{L} \quad (B.1.2-3)$$

$$d_q = d_C = 1 + 0.35\frac{B}{L} \quad (B.1.2-4)$$

式中:$[R_h]$——地基允许承载力(kPa);

K——安全系数,对于固结快剪试验的抗剪强度指标时,K 值可取用 2.0~3.0(对于重要的大型泵站或软土地基上的泵站,K 值可取大值;对于中型泵站或较坚实地基上的泵站,K 值可取小值);

q——泵房基础底面以上的有效侧向荷载(kPa);

N_r、N_q、N_C——承载力系数,见表 B.1.2-1;

表 B.1.2-1 承载力系数

$\phi(°)$	N_r	N_q	N_C	$\phi(°)$	N_r	N_q	N_C	$\phi(°)$	N_r	N_q	N_C
0	0	1.00	5.14	14	1.16	3.58	10.37	28	13.13	14.71	25.80
2	0.01	1.20	5.69	16	1.72	4.33	11.62	30	18.09	18.40	30.15
4	0.05	1.43	6.17	18	2.49	5.25	13.09	32	24.95	23.18	35.50
6	0.14	1.72	6.82	20	3.54	6.40	14.83	34	34.54	29.45	42.18
8	0.27	2.06	7.52	22	4.96	7.82	16.89	36	48.08	37.77	50.61
10	0.47	2.47	8.35	24	6.90	9.61	19.33	38	67.43	48.92	61.36
12	0.76	2.97	9.29	26	9.53	11.85	22.25	40	95.51	64.23	75.36

S_r、S_q、S_C——形状系数,对于矩形基础,按公式(B.1.2-2)、公式(B.1.2-3)计算;对于条形基础,取 $S_r = S_q = S_C = 1$;

　　　L——泵房基础底面长度(m);

　d_q、d_C——深度系数,按公式(B.1.2-4)计算;

i_r、i_q、i_C——倾斜系数,见表 B.1.2-2;当荷载倾斜率 $\tan\delta = 0°$ 时,$i_r = i_q = i_C = 1$;

　　　δ——荷载倾斜角(°)。

表 B.1.2-2　荷载倾斜系数

ϕ (°)	$\tan\delta$											
	0.1			0.2			0.3			0.4		
	i_r	i_q	i_C	i_r	i_q	i_C	i_r	i_q	i_C	i_r	i_q	i_C
6	0.64	0.80	0.53	—	—	—						
8	0.71	0.84	0.69	—	—	—						
10	0.72	0.85	0.75	—	—	—						
12	0.73	0.85	0.78	0.40	0.63	0.44	—	—	—			
14	0.73	0.86	0.80	0.44	0.67	0.54	—	—	—			
16	0.73	0.85	0.81	0.46	0.68	0.58	—	—	—			
18	0.73	0.85	0.82	0.47	0.69	0.61	0.23	0.48	0.36	—	—	—
20	0.72	0.85	0.82	0.47	0.69	0.63	0.26	0.51	0.42	—	—	—
22	0.72	0.85	0.82	0.47	0.69	0.64	0.27	0.52	0.45	0.10	0.32	0.22
24	0.71	0.84	0.82	0.47	0.68	0.65	0.28	0.53	0.47	0.13	0.37	0.29
26	0.70	0.84	0.82	0.46	0.68	0.65	0.28	0.53	0.48	0.15	0.38	0.32
28	0.69	0.83	0.82	0.45	0.67	0.65	0.27	0.52	0.49	0.15	0.39	0.34
30	0.69	0.83	0.82	0.44	0.67	0.65	0.27	0.52	0.49	0.15	0.39	0.35
32	0.68	0.82	0.81	0.43	0.66	0.64	0.26	0.51	0.49	0.15	0.39	0.36
34	0.67	0.82	0.81	0.42	0.65	0.64	0.25	0.50	0.49	0.14	0.38	0.36
36	0.66	0.81	0.81	0.41	0.64	0.63	0.25	0.50	0.48	0.14	0.37	0.36
38	0.65	0.80	0.80	0.40	0.63	0.62	0.24	0.49	0.47	0.13	0.37	0.35
40	0.64	0.80	0.79	0.39	0.62	0.62	0.23	0.48	0.47	0.13	0.36	0.35

B.1.3 在既有竖向荷载作用，且有水平向荷载作用下，也可按下式核算泵房地基整体稳定性，并应符合下列规定：

$$C_k = \frac{\sqrt{\left(\frac{\sigma_y - \sigma_x}{2}\right)^2 + \tau_{xy}^2} - \frac{\sigma_y + \sigma_x}{2}\sin\phi}{\cos\phi} \quad (B.1.3)$$

式中：C_k——满足极限平衡条件时所必需的最小粘结力（kPa）；

ϕ——地基土的摩擦角（°）；

σ_y、σ_x、τ_{xy}——核算点的竖向应力、水平向应力和剪应力（kPa），可将泵房基础底面以上荷载简化为竖向均布、竖向三角形分布、水平向均布和竖向半无限布等情况，按核算点坐标与泵房基础底面宽度的比值查出应力系数，分别计算求得。应力系数可按现行行业标准《水闸设计规范》SL 265 的规定执行。

1 当按公式（B.1.3）计算的最小粘结力值小于核算点的粘结力值时，该点处于稳定状态；当计算的最小粘结力值等于核算点的粘结力值时，该点处于极限平衡状态；当计算的最小粘结力值大于核算点的粘结力值时，该点处于塑性变形状态。经多点核算后，可将处于极限平衡状态的各点连接起来，绘出泵房地基土的塑性开展区范围。

2 泵房地基允许的塑性开展区最大开展深度可按泵房进水侧基础边缘下垂线上的塑性变形开展深度不超过基础底面宽度 1/4 的条件控制。当不满足上述控制条件时，可减小或调整泵房基础底面以上作用荷载的大小或分布。

B.2 土质地基常用处理方法

B.2.1 土质地基常用处理方法见表 B.2.1。

表 B.2.1 土质地基常用处理方法

地基处理方法	基本作用	适用条件	说　明
换填垫层法	改善地基应力分布,减少沉降量,提高地基整体稳定性和抗渗稳定性	①浅层软弱地基及不均匀地基;②垫层厚度不宜超过3.0m	如用于深厚层软土地基,仍有较大的沉降量
强力夯实法	增大地基承载能力,减少沉降量,并提高地基抗振动液化的能力	透水性较好的松软地基,特别是碎石土或稍密的砂土、杂填土、非饱和粘性土及湿陷性黄土地基	如用于淤泥或淤泥质土地基,应通过现场试验确定其适用性和处理效果
振冲法	增大地基承载能力,减少沉降量,并提高地基抗振动液化的能力	各种松软地基,特别是松砂,或软弱的砂壤土、中砂、粗砂	①处理后,地基的均匀性和防止渗透变形的条件较差;②如用于软土地基,处理效果不明显
水泥土搅拌法	增大地基承载能力,减少沉降量,加强地基防渗,提高地基整体稳定性和抗震液化能力	正常固结淤泥质土、粉土、饱和黄土、素填土和粘性土	①不宜用于有流动地下水的饱和砂土;②加固深度宜在15m以内;③作为复合地基,桩顶与基础间设垫层
桩基础	增大地基承载能力,减少沉降量,提高抗滑稳定性	较深厚的松软地基,特别是上部为松软土层、下部为坚硬土层的地基	①桩尖未嵌入坚硬土层的摩擦桩,仍有一定的沉降量;②如用于松砂、砂壤土地基,应注意地基渗透变形问题
沉井基础	增大地基承载能力,减少沉降量,提高抗滑稳定性,并对防止地基渗透变形有利	上部为软土层或粉砂、细砂层,下部为硬粘土层或岩层的地基	不宜用于上部夹有蛮石、树根等杂物的松软地基或下部为顶面倾斜度较大的岩石地基

注:经论证后也可采用高压喷射法等其他地基处理方法。

附录C 自由式拍门开启角近似计算

C.0.1 整体自由式拍门开启角(图C.0.1):当拍门前管(流)道任意布置,门外两边无侧墙时,可按公式(C.0.1-1)求解;当拍门前管(流)道水平布置,门外两边有侧墙时,可按公式(C.0.1-2)求解。参数 m 按公式(C.0.1-3)计算。

$$\sin\alpha = \frac{m}{2}\cos^2(\alpha - \alpha_B) \quad \text{(C.0.1-1)}$$

$$\sin\alpha = \frac{m}{4}\frac{\cos^3\alpha}{(1-\cos\alpha)^2} \quad \text{(C.0.1-2)}$$

$$m = \frac{2\rho QVL_c}{GL_g - WL_w} \quad \text{(C.0.1-3)}$$

式中:α——拍门开启角(°);

α_B——管(流)道中心线与水平面的夹角(°);

m——与水泵运行工况、管(流)道尺寸、拍门设计参数有关的参数;

ρ——水体密度(kg/m^3);

Q——水泵流量(m^3/s);

V——管(流)道出口流速(m/s);

G——拍门自重力(N);

W——拍门浮力(N);

L_c——拍门水流冲力作用平面形心至门铰轴线的距离(m);

L_g——拍门重心至门铰轴线的距离(m);

L_w——拍门浮心至门铰轴线的距离(m)。

C.0.2 双节自由式拍门开启角(图C.0.2),可按公式(C.0.2-1)和公式(C.0.2-2)联立方程用数值计算方法求解。式中参数 m_1、m_2 和 m_3 分别按公式(C.0.2-3)、公式(C.0.2-4)和公式(C.0.2-5)

计算。

$$\sin\alpha_1 = m_1\cos^2(\alpha_1-\alpha_B) + m_3\frac{\cos(\alpha_2-\alpha_B)[\cos(\alpha_1-\alpha_B)+\sin(\alpha_2-\alpha_1)]}{4\left[1-\dfrac{h_1}{h_1+h_2}\cos(\alpha_1-\alpha_B)\right]^2}$$

(C.0.2-1)

$$\sin\alpha_2 = m_2\frac{\cos^2(\alpha_2-\alpha_B)}{4\left[1-\dfrac{h_1}{h_1+h_2}\cos(\alpha_1-\alpha_B)\right]^2} \quad \text{(C.0.2-2)}$$

$$m_1 = \frac{\rho Q V L_{c1} h_1}{(h_1+h_2)[G_1 L_{g1} - W_1 L_{w1} + (G_2-W_2)h_1]}$$

(C.0.2-3)

$$m_2 = \frac{\rho Q V L_{c2} h_2}{(h_1+h_2)(G_2 L_{g2} - W_2 L_{w2})} \quad \text{(C.0.2-4)}$$

$$m_3 = \frac{\rho Q V h_1 h_2}{(h_1+h_2)[G_1 L_{g1} - W_1 L_{w1} + (G_2-W_2)h_1]}$$

(C.0.2-5)

式中：α_1、α_2——分别为上节拍门和下节拍门开启角(°)；

h_1、h_2——分别为上节拍门和下节拍门的高度(m)；

m_1、m_2、m_3——与水泵运行工况、管（流）道尺寸、拍门设计参数有关的参数；

G_1、G_2——分别为上节拍门和下节拍门的自重力(N)；

W_1、W_2——分别为上节拍门和下节拍门的浮力(N)；

L_{g1}、L_{g2}——分别为上节拍门和下节拍门的重心至门铰轴线的距离(m)；

L_{w1}、L_{w2}——分别为上节拍门和下节拍门的浮心至门铰轴线的距离(m)；

L_{c1}、L_{c2}——分别为上节拍门和下节拍门水流冲力作用平面形心至相应门铰轴线的距离(m)。

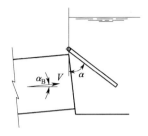

图 C.0.1 拍门开启角

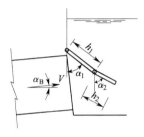

图 C.0.2 双节式拍门开启角

附录D 自由式拍门停泵闭门撞击力近似计算

D.0.1 停泵后正转正流时间和正转逆流时间可按公式(D.0.1-1)、公式(D.0.1-2)计算。

$$T_1 = \frac{\eta}{\rho g Q H}[J(\omega_0^2 - \omega^2) + \rho M Q^2] \quad (\text{D.0.1-1})$$

$$T_2 = T_1 \frac{\omega}{\omega_0 - \omega} \quad (\text{D.0.1-2})$$

式中：T_1——停泵正转正流时间(s)；

T_2——停泵正转逆流时间(s)；

ρ——水体密度(kg/m³)；

g——重力加速度(m/s²)；

H——停泵前水泵运行扬程(m)；

Q——停泵前水泵流量(m³/s)；

η——停泵前水泵运行效率；

J——机组转动部件转动惯量(kg·m²)；

ω_0——水泵额定角速度(rad/s)；

ω——正转正流时段末水泵角速度(rad/s)，ω 值可由水泵全特性曲线求得，或取轴流泵 $\omega=(0.5\sim0.7)\omega_0$，混流泵、离心泵 $\omega=(0.4\sim0.5)\omega_0$；

M——与管(流)道尺寸有关的系数，$M=\int_0^L \frac{\mathrm{d}l}{f(l)}$，当管(流)道断面尺寸为常数时，$M=L/A$；

L——管(流)道进口至出口总长度(m)；

$f(l)$——管(流)道断面积沿长度变化的函数；

A——管(流)道断面积(m²)。

D.0.2 整体自由式拍门停泵下落运动:正流阶段运动由方程(D.0.2-1)求解,逆流阶段运动由方程(D.0.2-2)求解。方程中的常数 a、b、c_1 和 c_2 分别按公式(D.0.2-3)至公式(D.0.2-6)计算。

$$\alpha''=a\alpha'^2-b\sin\alpha+c_1(1-\frac{t}{T_1})^2\cos^2\alpha \quad \text{(D.0.2-1)}$$

$$\alpha''=a\alpha'^2-b\sin\alpha-c_2\frac{t}{T_2} \quad \text{(D.0.2-2)}$$

$$a=\frac{1}{4J_p}K\rho B[(h+e)^4-e^4] \quad \text{(D.0.2-3)}$$

$$b=\frac{GL_g-WL_w}{J_p} \quad \text{(D.0.2-4)}$$

$$c_1=\rho QVL_c/J_p \quad \text{(D.0.2-5)}$$

$$c_2=\rho gHBhL_y/J_p \quad \text{(D.0.2-6)}$$

式中: α——拍门瞬时位置角度(rad);

α'——拍门运动角速度(rad/s);

α''——拍门运动角加速度(rad/s²);

t——时间(s);

T_1、T_2——停泵后正转正流和正转逆流历时(s);

a、b、c_1、c_2——与水泵运行工况、管(流)道尺寸、拍门设计参数有关的常数;

B——拍门宽度(m);

h——拍门高度(m);

E——拍门顶至门铰轴线的距离(m);

J_p——拍门绕铰轴线转动惯量(kg·m²);

K——拍门运动阻力系数,可取 $K=1\sim1.5$;

G——拍门的自重力(N);

W——拍门的浮力(N);

L_g——拍门重心至门铰轴线的距离(m);

L_w——拍门浮心至门铰轴线的距离(m);

ρ——水体密度(kg/m³);

g——重力加速度(m/s^2);

Q——停泵前水泵流量(m^3/s);

V——停泵前管(流)道出口流速(m/s);

L_c——拍门水流冲击力作用平面形心至门铰轴线的距离(m);

L_y——拍门反向水压力作用平面形心至门铰轴线的距离(m)。

D.0.3 拍门停泵下落运动方程可用布里斯近似积分法、龙格-库塔法或其他数值计算方法求解。

D.0.4 拍门撞击力可按公式(D.0.4-1)~公式(D.0.4-3)计算。

$$N = \frac{1}{L_n}\left[(M_y - \frac{1}{2}M_R) + \sqrt{(M_y - \frac{1}{2}M_R)^2 + \frac{SE}{\delta}J_p\omega_m^2 L_n^2}\right] \quad \text{(D.0.4-1)}$$

$$M_y = \frac{1}{2}\rho g H h^2 B \quad \text{(D.0.4-2)}$$

$$M_R = \frac{1}{4}KB\rho h^4 \omega_m^2 \quad \text{(D.0.4-3)}$$

式中:N——拍门撞击力(N);

L_n——撞击力作用点至门铰轴线的距离(m);

M_y——拍门水压力绕门铰轴线的力矩(N·m);

M_R——拍门运动阻力绕门铰轴线的力矩(N·m);

H——拍门下落运动计算所得作用水头(m);

ω_m——拍门下落运动计算所得闭门角速度(rad/s);

S——拍门缓冲块撞击接触面积(m^2);

E——缓冲块弹性模量(N/m^2);

δ——缓冲块厚度(m)。

附录 E 快速闸门闭门速度及撞击力近似计算

E.0.1 快速闸门停泵下落运动速度(图 E.0.1),可按公式(E.0.1-1)计算。其中,对卷扬启闭机自由下落闸门,a 值按公式(E.0.1-2)计算;对油压启闭机有阻尼下落闸门,a 值按公式(E.0.1-3)计算;b 和 c 值分别按公式(E.0.1-4)和公式(E.0.1-5)计算。

$$V = \sqrt{\frac{2ac+bm}{2a^2}(1-e^{-2ax/m})-bx/a} \quad \text{(E.0.1-1)}$$

$$a = K\rho\delta B \quad \text{(E.0.1-2)}$$

$$a = K\rho\delta B + \frac{\rho_0 \pi}{8}(D^2-d^2)^3 \sum_1^n \left(\frac{\lambda_i L_i}{d_i^5}+\frac{\zeta_i}{d_i^4}\right) \quad \text{(E.0.1-3)}$$

$$(i=1,2,3\cdots n)$$

$$b = mg + \rho g B \left[\frac{h-H}{2}\delta - f(hH+H^2/2)\right] \quad \text{(E.0.1-4)}$$

$$c = \rho g B \left(\frac{\delta}{2}-Hf\right) \quad \text{(E.0.1-5)}$$

式中:V——闸门下落运动速度(m/s);

x——闸门从初始位置下落高度(m);

m——闸门质量(kg);

a、b、c——与闸门和启闭机设计参数有关的常数;

ρ、ρ_0——分别为水体和油体密度(kg/m³);

g——重力加速度(m/s²);

K——闸门运动阻尼系数,可取 $K=1$;

B——闸门宽度(m);

H——闸门高度(m);

δ——闸门厚度(m);

f——闸门止水橡皮与门槽的摩擦系数;
d_i——油压启闭机系统供油、回油 i 段管路直径或当量直径(m);
L_i—— i 段管路长度或当量长度(m);
λ_i—— i 段管路摩阻系数;
ζ_i—— i 段管路局部阻力系数;
d——油压启闭机活塞杆直径(m);
D——油压启闭机油缸内径(m);
h——初始位置时门顶淹没水深(m)。

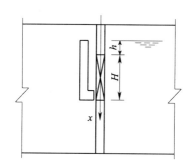

图 E.0.1 快速闸门下落运动

E.0.2 快速闸门对门槽底板撞击力可按下式计算:

$$N=mg\left[1+\sqrt{1+\frac{V_m^2}{g\delta_c}}\right] \quad (E.0.2)$$

式中:N——闸门撞击力(N);
V_m——闸门下落运动计算所得闭门运动速度(m/s);
δ_c——闸门自重作用下门底缓冲橡皮最大压缩变形(m)。

本规范用词说明

1 为便于在执行本规范条文时区别对待,对要求严格程度不同的用词说明如下:

  1) 表示很严格,非这样做不可的:

    正面词采用"必须",反面词采用"严禁";

  2) 表示严格,在正常情况下均应这样做的:

    正面词采用"应",反面词采用"不应"或"不得";

  3) 表示允许稍有选择,在条件许可时首先应这样做的:

    正面词采用"宜",反面词采用"不宜";

  4) 表示有选择,在一定条件下可以这样做的,采用"可"。

2 条文中指明应按其他有关标准执行的写法为:"应符合……的规定"或"应按……执行"。

引用标准名录

《建筑设计防火规范》GB 50016
《电力装置的继电保护和自动装置设计规范》GB 50062
《电力装置的电气测量仪表装置设计规范》GB 50063
《工业与民用电力装置的过电压保护设计规范》GBJ 64
《工业与民用电力装置的接地设计规范》GBJ 65
《工业企业噪声控制设计规范》GBJ 87
《电力工程电缆设计规范》GB 50217
《水利水电工程地质勘察规范》GB 50287
《污水综合排放标准》GB 8978
《生活饮用水卫生标准》GB 5749
《建筑地基处理技术规范》JGJ 79
《建筑桩基技术规范》JGJ 94
《既有建筑地基基础加固技术规范》JGJ 123
《水工建筑物荷载设计规范》DL 5077
《水闸设计规范》SL 265
《水工挡土墙设计规范》SL 379
《机器动荷载作用下建筑物承重结构的振动计算和隔振设计规程》YSJ 009
《导体和电器设备选择设计技术规范》SDGJ 14
《高压配电装置设计技术规程》SDJ 5
《水利水电工程启闭机设计规范》SL 41
《水利水电工程钢闸门设计规范》SL 74
《水利水电工程设计防火规范》SDJ 278
《水电站压力钢管设计规范》SL 281
《泵站现场测试规程》SD 140

中华人民共和国国家标准

泵 站 设 计 规 范

GB 50265-2010

条 文 说 明

修 订 说 明

《泵站设计规范》GB 50265 经住房和城乡建设部 2010 年 7 月 15 日以第 673 号公告批准发布。

为了广大设计、施工、科研、学校等单位有关人员在使用本规范时能理解和执行条文规定,《泵站设计规范》编制组按章、节、条顺序编制了本标准的条文说明,对条文规定的目的、依据以及执行中需注意的有关事项进行了说明,还着重对强制性条文的强制性理由作了解释。但是,本条文说明不具备与标准正文同等的法律效力,仅供使用者作为理解和把握标准规定的参考。

目 次

1 总 则 …………………………………………………………… (105)
2 泵站等级及防洪(潮)标准 ……………………………………… (107)
　2.1 泵站等级 …………………………………………………… (107)
　2.2 防洪(潮)标准 ……………………………………………… (108)
3 泵站主要设计参数 ……………………………………………… (109)
　3.1 设计流量 …………………………………………………… (109)
　3.2 特征水位 …………………………………………………… (109)
　3.3 特征扬程 …………………………………………………… (113)
4 站址选择 ………………………………………………………… (116)
　4.1 一般规定 …………………………………………………… (116)
　4.2 泵站站址选择 ……………………………………………… (117)
5 总体布置 ………………………………………………………… (120)
　5.1 一般规定 …………………………………………………… (120)
　5.2 泵站布置形式 ……………………………………………… (122)
6 泵 房 …………………………………………………………… (129)
　6.1 泵房布置 …………………………………………………… (129)
　6.2 防渗排水布置 ……………………………………………… (136)
　6.3 稳定分析 …………………………………………………… (140)
　6.4 地基计算及处理 …………………………………………… (149)
　6.5 主要结构计算 ……………………………………………… (159)
7 进出水建筑物 …………………………………………………… (168)
　7.1 引渠 ………………………………………………………… (168)
　7.2 前池及进水池 ……………………………………………… (168)
　7.3 出水管道 …………………………………………………… (170)

7.4 出水池及压力水箱	(174)
8 其他形式泵站	(176)
8.1 一般规定	(176)
8.2 竖井式泵站	(177)
8.3 缆车式泵站	(179)
8.4 浮船式泵站	(180)
8.5 潜没式泵站	(181)
9 水力机械及辅助设备	(182)
9.1 主泵	(182)
9.2 进出水流道	(186)
9.3 进水管道及泵房内出水管道	(191)
9.4 过渡过程及产生危害的防护	(193)
9.5 真空及充水系统	(194)
9.6 排水系统	(195)
9.7 供水系统	(196)
9.8 压缩空气系统	(196)
9.9 供油系统	(197)
9.10 起重设备及机修设备	(197)
9.11 采暖通风与空气调节	(198)
9.12 水力机械设备布置	(199)
10 电 气	(201)
10.1 供电系统	(201)
10.2 电气主接线	(202)
10.3 主电动机及主要电气设备选择	(207)
10.4 无功功率补偿	(207)
10.5 机组启动	(207)
10.6 站用电	(208)
10.7 室内外主要电气设备布置及电缆敷设	(208)
10.8 电气设备的防火	(209)

10.9 过电压保护及接地装置 ……………………………… (209)
10.10 照明 ……………………………………………………… (210)
10.11 继电保护及安全自动装置 ……………………………… (210)
10.12 自动控制和信号系统 …………………………………… (211)
10.13 测量表计装置 …………………………………………… (212)
10.14 操作电源 ………………………………………………… (213)
10.15 通信 ……………………………………………………… (213)
10.16 电气试验设备 …………………………………………… (214)

11 闸门、拦污栅及启闭设备 ……………………………………… (215)
11.1 一般规定 ………………………………………………… (215)
11.2 拦污栅及清污机 ………………………………………… (217)
11.3 拍门及快速闸门 ………………………………………… (218)
11.4 启闭设备 ………………………………………………… (221)

12 安全监测 ………………………………………………………… (223)
12.1 工程监测 ………………………………………………… (223)
12.2 水力监测 ………………………………………………… (224)

附录 A 泵房稳定分析有关数据 ………………………………… (225)
附录 C 自由式拍门开启角近似计算 …………………………… (226)
附录 D 自由式拍门停泵闭门撞击力近似计算 ………………… (227)

103

1 总　　则

1.0.2 本规范适用范围主要是大、中型泵站,将泵站类型统一为供、排水两类。对供水泵站,除原规范提到的灌溉、工业及城镇供水泵站外,还应包括跨流域调水水源工程和农村集中供水泵站。

城镇供、排水泵站因其特殊性,还应符合现行国家标准《室外给水设计规范》GB 50013、《室外排水设计规范》GB 50014 等的有关规定。

1.0.3 广泛搜集和整理基本资料是一项十分重要的工作,它给泵站设计提供重要依据。过去,因对基本资料重视不够有不少经验教训:泵站建成后有的水源无保证,有的供电不可靠,有的流量达不到设计要求,完不成灌排任务,因而造成损失和浪费。所以,本条强调要广泛搜集和整理与泵站关系密切的基本资料,包括水源、电源、地质、主机型号以及作为设计依据的其他重要数据等。如系城镇供水泵站,还应充分搜集有关供水方面的基本资料。原规范要求对基本资料和数据进行分析鉴定,实际操作过程中,一般"分析"是可以做到的,而"鉴定"工作很难实现,因此取消"鉴定"要求,由设计单位对所收集的资料进行分析后采用。

1.0.4 在采用新技术、新材料、新设备和新工艺时,要注意其是否成熟可靠。重要的新技术、新材料、新设备和新工艺的采用,需经过国家有关部门或权威机构进行鉴定验证。

1.0.5 根据国家现行标准《中国地震动参数区划图》GB 18306 和《水工建筑物抗震设计规范》SL 203 的有关规定制定。

泵房结构的抗震计算,采用现行行业标准《水工建筑物抗震设计规范》SL 203 规定的计算方法。

对于抗震措施的设置,要特别注意增强上部结构的整体性和刚度,减轻上部结构的重量,加强各构件连接点的构造,对关键部位的永久变形缝也应有加强措施。

2 泵站等级及防洪(潮)标准

2.1 泵 站 等 级

2.1.2 泵站系指单个泵站,泵站按设计流量和装机功率两项指标分等能表征出泵站本身特点,比较合理,理由如下:

1 不管用途如何,泵站的功能是提水,单位时间的提水量即设计流量直接体现了泵站的规模,应被定为划分等别的主要指标。

2 泵站是利用动力进行提水,装机功率大小表征动力消耗量多少,即泵站的装机功率大小,同时还表示出提水扬程的高低,因此装机功率也是划分泵站等别的重要指标。

对工业及城镇供水泵站,因缺乏定量统计资料,暂按供水对象的重要性确定等别,与现行国家标准《防洪标准》GB 50201 一致。

2.1.3 建筑物的级别主要是为了确定防洪标准、安全加高和各种安全系数等。

永久性建筑物系指泵站运行期间使用的建筑物,根据其重要性分为主要建筑物和次要建筑物。主要建筑物系指失事后造成灾害或严重影响泵站使用的建筑物,如泵房、进水闸、引渠、进出水池、出水管道和变电设施等;次要建筑物系指失事后不致造成灾害或对泵站使用影响不大并易于修复的建筑物,如挡土墙、导水墙和护岸等。临时性建筑物系指泵站施工期间使用的建筑物,如导流建筑物、施工围堰等。

2.1.4 泵站与堤身结合的建筑物,泵房与堤防同起挡水作用,且一旦失事修复困难甚至只好重建,故规定其级别不应低于防洪堤的级别,可根据泵站规模和重要性确定等于或高于堤防本身的级别。在执行本条规定时,还应注意堤防规划和发展的要求,应避免泵站建成不久因堤防标准提高,又要对泵站进行加固或改建。在多泥沙河流上修建泵站,尤其应重视这条规定。

2.2 防洪(潮)标准

2.2.1 平原、滨海区的泵站,在遭遇超标准洪水失事后,一般只会造成经济损失,较少造成大的人身伤亡,故一般没有校核防洪标准,执行时,可根据具体情况分析研究确定。

2.2.2 为与现行国家标准《防洪标准》GB 50201 协调,给出潮汐河口泵站建筑物的防潮标准值。

3 泵站主要设计参数

3.1 设 计 流 量

3.1.1 灌溉泵站设计流量应根据灌区规划确定。由于水泵提水需耗用一定的电能,对提水灌区输水渠道的防渗有着更高的要求。因此,灌溉泵站输水渠道渠系水利用系数的取用可高于自流灌区。灌溉泵站机组的日开机小时数应根据灌区作物的灌溉要求及机电设备运行条件确定,一般可取 24h。

对于提蓄结合灌区或井渠结合灌区,在计算确定泵站设计流量时,应先绘制灌水率图,然后考虑调节水量或可能提取的地下水量,削减灌水率高峰值,以减少泵站的装机功率。

3.1.2 排水泵站的设计流量应根据排水区规划确定。对主要服务于农作物的,其排涝和排渍设计流量具体方法参见现行国家标准《灌溉与排水工程设计规范》GB 50288。对城镇、工业企业及居住区的排水泵站,其排水设计流量的计算应符合现行国家标准《室外排水设计规范》GB 50014 的有关规定。

3.1.3 工矿区工业供水泵站的设计流量应根据用户(供水对象)提出的供水量要求和用水主管部门的水量分配计划等确定,生活供水泵站的设计流量一般可由用水主管部门确定。设计流量的计算还应符合现行国家标准《室外给水设计规范》GB 50013 的有关规定。

3.2 特 征 水 位

3.2.1 灌溉泵站进水池水位除原规范的规定外,增加了对感潮河口取水泵站有关水位取值的规定。

1 防洪水位是确定泵站建筑物防洪墙顶部高程的依据,是计算分析泵站建筑物稳定安全的重要参数。直接挡洪的泵房,其防洪水位应按本规范表2.2.1、表2.2.2的规定确定;不直接挡洪的泵房,因泵房前设有防洪进水闸(涵洞),泵房设计时可不考虑防洪水位的作用。防洪水位可先分析计算相应频率的设计洪水,再通过水位流量关系求得,也可通过对历年最高洪水位进行频率计算求得。

2 设计运行水位是计算确定泵站设计扬程的依据。从河流、湖泊或水库取水的灌溉泵站,确定其设计运行水位时,以历年灌溉期的日平均或旬平均水位排频,水源保证率应满足灌溉保证率要求。

4 最低运行水位是确定水泵安装高程的依据。如果最低运行水位确定偏高,将会引起水泵的汽蚀、振动,给工程运行造成困难;如果最低运行水位确定得太低,将增大工程量,增加工程投资。确定最低运行水位时取用的设计保证率应比确定设计运行水位时取用的设计保证率高。对于从河床不稳定河道取水的灌溉泵站,由于河床冲淤变化大,水位与流量的关系不固定,当没有条件进行水位频率分析时,可进行流量频率的分析,然后再计入河床变化等因素的影响。

3.2.2 灌溉泵站出水池有的接输水河道,有的接灌区输水渠道,前者多见于南方平原区,后者多见于北方各地及南方山丘区,只有当出水池接输水河道时,才以输水河道的防洪水位(可能有设计、校核标准之分,也可能没有)作为最高水位。对于从多泥沙河流取水的泵站,泥沙对输水渠道的淤积会造成出水池水位壅高,使实际的扬程增加、水流溢出,因此设计中应考虑泥沙淤积对渠道的影响。

在南方平原地区,与灌溉泵站出水池相通的输水河道,往往有船只通航的要求。如果取与泵站最小运行流量相应的水位作为最低运行水位,虽然已能满足作物灌溉的需要,但低于最低通航水位,此时应取最低通航水位作为泵站出水池最低运行水位,这样才能同时满足船只通航的要求。

3.2.3 排水泵站进水池水位的要求。

1 最高水位是确定泵房电动机层楼板高程或泵房进水侧挡水墙顶部高程的依据。由于排水泵站的建成,建站前历史上曾出现过的最高内涝水位一般不会再现。按目前我国各地规划的治涝标准,一般重现期为5a～10a,为适当提高治涝标准,本规范取排水区建站后重现期10a～20a的内涝水位作为排水泵站进水池最高水位。如果排水区为分蓄洪区等特殊地区,因其防洪标准有特殊要求,泵站作为受影响的建筑物,最高水位应考虑其影响。

2 设计运行水位是排水泵站站前经常出现的内涝水位,是计算确定泵站设计扬程的依据。

设计运行水位与排水区有无调蓄容积等关系很大,在一般情况下,根据排田或排调蓄区的要求,由排水渠道首端的设计水位推算到站前确定。

1)根据排田要求确定设计运行水位。在调蓄容积不大的排涝区,一般以较低耕作区(约占排水区面积的90%～95%)的涝水能被排除为原则,确定排水渠道的设计水位。南方一些省常以排水区内部耕作区90%以上的耕地不受涝的高程作为排水渠道的设计水位。有些地区则以大部分耕地不受涝的高程作为排水渠道的设计水位。这样,可使渠道和泵站充分发挥排水作用,但是土方工程量大,只能在排水渠道长度较短的情况下采用。

2)根据排调蓄区要求确定设计运行水位。当泵站前池由排水渠道与调蓄区相连时,可按下列两种方式确定设计运行水位:

一种是以调蓄区设计低水位计入排水渠道的水力损失后作为设计运行水位。运行时,自调蓄区设计低水位起,泵站开始满负荷运行(当泵站外水位为设计外水位时),随着来水不断增加,调蓄区边排边蓄直至达到正常水位为止。此时,泵站前池的水位也相应较设计运行水位高,泵站满负荷历时最长,排空调蓄区的水也最快。湖南省洞庭湖地区多采用这种方式。

另一种是以调蓄区设计低水位与设计蓄水位的平均值计入排水渠道的水力损失后作为设计运行水位。按这种方式,只有到平均水位时,泵站才能满载运行(当泵站外水位为设计外水位时)。湖北省多采用这种方式。

3 最高运行水位是排水泵站正常运行的上限排涝水位。超过这个水位,将扩大涝灾损失,调蓄区的控制工程也可能遭到破坏,因此,最高运行水位应在保证排涝效益的前提下,根据排涝设计标准和排涝方式(排田或排调蓄区),通过综合分析计算确定。

4 最低运行水位是排水泵站正常运行的下限排涝水位,是确定水泵安装高程的依据。低于这个水位运行将使水泵产生汽蚀、振动,给工程运行带来困难。最低运行水位的确定,需注意以下三方面的要求:

1)满足作物对降低地下水位的要求。一般按大部分耕地的平均高程减去作物的适宜地下水埋深,再减 0.2m～0.3m。

2)满足调蓄区预降最低水位的要求。

3)满足盐碱地区控制地下水的要求。一般按大部分盐碱地的平均高程减去地下水临界深度再减 0.2m～0.3m。

按上述要求确定的水位分别扣除排水渠道水力损失后,选其中最低者作为最低运行水位。

3.2.4 排水泵站出水池水位应针对排水期进行计算,新建泵站一般是通过对排区的降雨进行分析确定排水期,扩、改建泵站可根据泵站历年实际运行的情况进行统计确定排水期。

1 见本规范第 3.2.1 条第 1 款条文说明。

2 设计运行水位是计算确定泵站设计扬程的依据。

根据调查资料,我国各地采用的排涝设计标准为:河北、辽宁等省重现期多采用 5a;广东、安徽等省采用 5a～10a;湖北、湖南、江西、浙江、广西等省、自治区采用 10a,江苏、上海等省、市采用 10a～20a。泵站出水池设计水位与排区暴雨存在着内外组合问题,多数地方采用重现期 5a～10a 的外河 3d～5d 平均水位,有的采用某一涝灾严重的典型年汛期外河最高水位的平均值。

由于设计典型年的选择具有一定的区域局限性,且任意性较大,因此本规范规定采用重现期 5a~10a 的排水时段(即设计排涝标准中要求的排水时间)外河平均水位作为泵站出水池设计运行水位。

3 最高运行水位是确定泵站最高扬程的依据。对采用虹吸式出水流道的块基型泵房,该水位也是确定驼峰顶部底高程的主要依据。例如湖北省采用虹吸式出水流道的泵站,驼峰顶部底高程一般高于出水池最高运行水位 0.05m~0.15m;江苏省采用虹吸式出水流道的泵站,驼峰顶部底高程一般高于出水池最高运行水位 0.5m 左右。最高运行水位的确定与外河水位变化幅度有关,但其重现期的采用应保证泵站机组在最高运行水位工况下能安全运行,同时也不应低于确定设计运行水位时所采用的重现期标准。因此,本规范规定外河水位变化幅度较小时,取设计洪水位作为最高运行水位;外河水位变化幅度较大时,取重现期 10a~20a(比设计运行水位的重现期高)的排水时段平均水位作为最高运行水位。

4 最低运行水位是确定泵站最低扬程和流道出口淹没高程的依据。在最低运行水位工况下,要求泵站机组仍能安全运行。泵站一般和自排闸结合布置,当外江水位低时可以自排,最低运行水位确定时应考虑该因素。

3.2.5 供水泵站进水池水位与灌溉泵站类似,只是因为供水的保证程度要求比灌溉高,因此要求设计运行水位、最低运行水位的水源保证率和最高运行水位的重现期高于灌溉泵站。

3.3 特征扬程

3.3.1 设计扬程是选择水泵型式的主要依据。水力损失包括沿程和局部水力损失。

3.3.2 平均扬程是泵站运行历时最长的工作扬程。选择水泵时应使其在平均扬程工况下,处于高效区运行,因而单位消耗能量最少。平均扬程一般可按泵站进、出水池平均水位差,并计入水力损失确定,但按这种方法计算确定平均扬程,精度稍差,只适用于中、小型泵站工程;对于提水流量年内变化幅度较大,水位、扬程变化幅度也较大的大、中型泵站,应按公式(3.3.2)计算加权平均净扬程,并计入水力损失确定。按这种方法计算确定平均扬程,工作量较大,需根据设计水文系列资料按泵站提水过程所出现的分段扬程、流量和历时进行加权平均才能求得,但由于这种方法同时考虑了流量和运行历时的因素,即总水量的因素,因而计算成果比较精确合理,符合实际情况。

3.3.3 最高扬程是泵站正常运行的上限扬程。水泵在最高扬程工况下运行,其提水流量虽小于设计流量,但应保证其运行的稳定性。对于供水泵站,在最高扬程工况下,应考虑备用机组投入,以满足供水设计流量要求。

对排水泵站,当承泄区水位变化幅度较大时,若按泵站出水池最高运行水位与进水池最低运行水位之差,并计入水力损失确定最高扬程,这样算出的扬程较高,而在设计扬程和平均扬程较低的情况下,既要满足在设计扬程下水泵满足泵站设计流量要求,平均扬程下水泵在高效区工作,又要满足最高扬程下水泵能稳定运行可能比较困难。实际上,当外江出现最高水位时,进水池出现最低运行水位的几率较小,因此水泵选型困难时,可对泵站运行时的水位组合几率进行分析,经论证后,最高扬程可适当降低。据调查,在出现这种情况时,湖北省多按"泵站出水池最高运行水位与进水池设计水位之差,并计入水力损失"的方法确定最高扬程;广东省以泵站的主要特征参数即进水池和出水池的各种水位结合水泵的特性和运行范围合理推算。

3.3.4 最低扬程是泵站正常运行的下限扬程。水泵在最低扬程工况下运行,亦应保证其运行的稳定性。与最高扬程类似,当水泵选型困难时,也可适当提高最低扬程,尤其是出现负扬程时。在出现这种情况时,湖北省多按"泵站出水池最低运行水位与进水池设计水位之差,并计入水力损失"的方法确定最低扬程;广东省以泵站的主要特征参数即进水池和出水池的各种水位结合水泵的特性和运行范围合理推算。

4 站址选择

4.1 一般规定

4.1.1 执行本条规定应注意下列事项：

1 选择站址，应服从灌溉、排水、工业及城镇供水的总体规划。否则，泵站建成后不仅不能发挥预期的作用，甚至还会造成很大的损失和浪费。例如某泵站事先未作工程规划，以致工程建成后基本上没有发挥作用，引河淤积厚度达 5m～6m。

2 选择站址，要考虑工程建成后的综合利用要求。尽量发挥综合利用效益，是兴建包括泵站在内的一切水利工程的基本原则之一。

3 选择站址，要考虑水源（或承泄区）包括水流、泥沙等条件。如果所选站址的水流条件不好，不但会影响泵站建成后的水泵使用效率，而且会影响整个泵站的正常运行。例如某排水泵站与排水闸并列布置，抽排时主流不集中，进水池形成回流和漩涡，造成机组振动和汽蚀，降低效率，对运行极为不利。又如某排灌泵站采用侧向进水方式，排水时，主流偏向引渠的一侧，另一侧形成顺时针旋转向的回流区直达引渠口。在前池翼墙范围内，水流不平顺，有时出现阵阵横向流动。水流在流道分水墩两侧形成阵发性漩涡。灌溉时，情况基本相似，但回流方向相反。又如某引黄泵站站址选得不够理想，引渠泥沙淤积严重，水泵叶轮严重磨损，功率损失很大，泵站效率很低。

4 选择站址，要考虑工程占地、拆迁因素。珍惜和合理利用每寸土地，是我国的一项基本国策。

5 选择站址，还要考虑工程扩建的可能性，特别是分期实施的工程，要为今后扩建留有余地。

4.1.3 泵站和其他水工建筑物一样，一般要求建在岩土坚实和水文地质条件良好的天然地基上，不应设在活动性的断裂构造带以及其他不良地质地段。在平原、滨湖地区建站，遇到软土、松沙等不良地质条件时应尽量避开，选择在土质均匀密实、承载力高、压缩性小的地基上，否则就要进行地基处理。例如某泵站装机功率 $6 \times 1600 kW$，建在淤泥质软粘土地基上，该泵站建成 9 年后的实测最大沉降量累计达 0.65m，不均匀沉降差达 0.35m，机组每年都要进行维修调试，否则就难以运行。又如某泵站装机功率 $8 \times 800 kW$，建在粉砂土地基上，当基坑开挖至距离设计底高程尚有 2.1m 时，即发现有流沙现象，挖不下去，后采取井点排水措施，井点运行 48h 后，流沙现象才消失。因此，在选择站址时，如遇软土、松沙等不良地质条件时，首先应考虑能否改变站址，如不可能则需采用人工地基，或采取改变上部结构形式等工程措施，以适应不良地基的要求。

4.2 泵站站址选择

4.2.1 对于从河流、湖泊、感潮河口、渠道取水的灌溉泵站，为了能充分发挥其工程效益，应将泵站选在有利于提水，且灌区输水系统布置比较经济的地点。

对于从河流、湖泊、感潮河口、渠道，特别是北方水资源比较紧缺的地区水源中取水的灌溉泵站，其取水口位置的选择尤为重要。如果取水口位置选得不好，轻则影响泵站的正常运行，重则导致整个泵站工程的失败。例如某泵站的取水口位于黄河游荡性河段，河床宽浅不一，水流散乱，浅滩沙洲多，主流摆动频繁，致使取水口经常出现脱流。该泵站建后 30 余年，主流相对稳定、能保证引水的年份仅有 8 年，其余年份均因主流摆动，主流偏离取水口的最大距离（垂直河岸）曾达 4.2km。为了引水需要，不得不在黄河滩上开挖引渠，最长达 6.5km。为防止引渠淤死断流，被迫加大流速拉沙，致使滩岸坍塌，弯道冲刷，大颗粒粗沙连同引渠底沙一起，通过水泵进入渠系和田间。同时由于汽蚀和泥沙磨损,泵站装置效率下降10.4%,实际抽水能力仅为设计抽水能力的61.8%,水泵运转仅500h,泵体即磨蚀穿孔,直径1.4m、长500m的出水管道全部淤满,曾发生管道破裂、5间厂房被毁坏的严重事故。此外,出水干渠严重淤高,致使灌溉水漫顶决堤,将大量泥沙灌入田间,使农田迅速沙化,影响农作物的正常生长,农业减产,损失严重。因此,灌溉泵站取水口应选在主流稳定靠岸,能保证引水的河段,而且应根据取水口所在河段的水文、气象资料,自然灾害情况和环境保护需要等,分别满足防洪、防潮汐、防沙、防冰及防污要求。否则,应采取相应的措施。

4.2.2 对于从水库取水的灌溉泵站,应认真研究水库水位的变化对泵站机组选型及泵站建成投产后机组运行情况的影响,研究水库泥沙淤积、冰冻对泵站取水可靠性的影响,并对站址选在库区或坝后进行技术经济比较。本规范规定,直接从水库取水的灌溉泵站站址,应选择在岸坡稳定、靠近灌区、取水方便,不受或少受泥沙淤积、冰冻影响的地点。

4.2.3 排水泵站是用来排除低洼地区的涝水。为了能及时排净涝水,排水泵站宜设在排水区地势低洼、能汇集排水区涝水,且靠近承泄区的地点,以降低泵站扬程,减小装机功率。例如某泵站装机功率6×1600kW,站址选在排水区地势低洼处,紧靠长江岸边,由一条长32km、宽100m的平直排水渠道汇集涝水,进、出口均采用正向布置方式,加之合适的地形、地质条件,泵站建成后,进、出水流顺畅,无任何异常情况。如果有的排水区涝水可向不同的承泄区(河流)排泄,且各河流汛期高水位又非同期发生时,需对河流水位(即所选站址的站上水位)作对比分析,以选择扬程较低、运行费用较经济的站址。如果有的排水区涝水需高低分片排泄时,各片宜单独设站,并选用各片控制排涝条件最为有利的站址。因此,本规范规定,排水泵站站址宜选择在排水区地势低洼、能汇集排水区涝水,且靠近承泄区的地点。

4.2.4 灌排结合泵站的任务有抽灌、抽排、自灌、自排等,可采用泵站本身或通过设闸控制来实现。在选择灌排结合泵站站址时,应综合考虑外水内引和内水外排的要求,使灌溉水源不致被污染,土壤不致引起或加重盐渍化,并兼顾灌排渠系的合理布置等。例如某泵站装机功率 $4\times6000kW$,位于已建的排涝闸左侧,枯水季节可用排涝闸自排,汛期外江水位低时也可利用排涝闸抢排,而在汛期外江水位高时,则利用泵站抽排,做到自排与抽排相结合。又如某泵站装机功率 $4\times1600kW$,利用已建涵洞作为挡洪闸,以挡御江水,并利用原有河道作为排水渠道。闸站之间为一较大的出水池,以利水流稳定,同时在出水池两侧河堤上分别建灌溉闸。汛期可利用泵站抽排涝水,亦可进行抽灌。当外江水位较高时,还可通过已建涵洞引江水自灌,做到了抽排、抽灌与自灌相结合。再如某泵站装机功率 $9\times1600kW$,多座灌排闸、节制闸及灌溉、排水渠道相配合,当外河水位正常时,低片地区的涝水可由泵站抽排,高片地区的涝水可由排涝节制闸自排,下雨自排有困难时,也可通过闸的调度改由泵站抽排;天旱时,可由外河引水自灌或抽灌入内河,实行上、下游分灌。因此,该站以泵房为主体,充分运用附属建筑物,使灌排紧密结合,既能抽排,又能自排;高、低水可以分排,上、下游可以分灌,合理兼顾,运用灵活,充分发挥了灌排效益。

4.2.5 供水泵站是为受水区提供生活和生产用水的。确保水源可靠和水质符合规定要求,是供水泵站站址选择时必须考虑的首要条件。由于受水区上游水源一般不易受污染,因此,本规范规定,供水泵站站址应选择在受水区上游、河床稳定、水源可靠、水质良好、取水方便的河段。生活饮用水的水质必须符合现行国家标准《生活饮用水卫生标准》GB 5749 的要求。

5 总体布置

5.1 一般规定

5.1.1 供电条件包括供电方式、输电走向、电压等级等,它与泵房平面布置关系密切,应尽量避免出现高压输电线跨河布置的不合理情况。此外,泵站的总体布置要结合考虑整个水利枢纽或供水系统布局,即泵站的总体布置不要和整个水利枢纽或供水系统布局相矛盾。

我国部分地区曾有过血吸虫流行的历史,由于血吸虫危害难以根治,因此在疫区的泵站设计中,应根据疫区的实际情况,按水利血防的要求,采取有效的灭螺工程措施,防止钉螺在站区滋生繁殖或向其他承泄区(受水区)扩散。

5.1.2 许多已建成泵站的管理条件很差,对工程的正常运用有较大的影响。因此,本规范规定,泵站的总体布置应包括泵房,进、出水建筑物,变电站,枢纽其他建筑物和工程管理用房,内外交通、通信以及其他维护管理设施的布置。

5.1.3 近年来,对各类工程劳动安全与工业卫生、消防、水土保持工作的要求在逐步提高,泵站工程也不例外。对于泵站工程,防止水土流失的主要区域是泵站的上、下游引渠岸坡和站区弃土(渣)区。上、下游引渠岸坡的水土流失,将直接影响泵站运行;而站区弃土(渣)区的水土流失,不仅影响站区环境,严重时甚至危及站区建筑物的安全。因此,需要对站区的水土流失作出预测,并采取相应的工程及植物保护措施。为了保障劳动者在劳动过程中的安全与健康,枢纽布置设计应考虑安全与卫生等因素。

5.1.5 站区交通道路除应满足设备运输、人员进出等工程建设和管理要求外,不可忽视消防通道的问题。尤其是机组台数较多、站房顺水流向较长时,如果交通道路不能满足通行消防车辆的要求时,一旦发生事故,就有可能因救援不及时而造成不应有的损失。

5.1.6 泵房不能用来泄洪,必须设专用泄洪建筑物,并与泵房分建,两者之间应有分隔设施,以免泄洪建筑物泄洪时,影响泵房与进、出水池的安全。同样,泵房不能用来通航,必须设专用通航建筑物,并与泵房分建,两者之间应有足够的安全距离。否则,泵房与通航建筑物同时运用,因有较大的横向流速,影响来往船只的安全通航。例如某泵站装机功率6×1600kW,将泵站、排涝闸、船闸三者合建,并列成一字形,泵房位于河道左岸,排涝闸共6孔,分为两组,其中一组3孔紧靠泵房布置,另外一组3孔位于河道右岸,船闸则位于两组排涝闸之间。当泵房抽排或排涝闸自排时,进、出水口流速较高,且有横向流速,通航极不安全,经常发生翻船事故。又如某泵站装机功率10×1600kW,泵站、排涝闸、船闸三者也是并列成一字形,但因将船闸设在河道左岸,且与泵站、排涝闸分开另建,船闸导航墙又长,故通航不受泵站、排涝闸影响。因此,本规范规定,泵房与泄洪建筑物之间应有分隔设施,与通航建筑物之间应有足够的安全距离及安全设施。

5.1.7 根据调查资料,站内交通桥一般都是紧靠泵房布置,拦污栅通常结合站内交通桥的布置,设在进水流道的进口处,且多呈竖向布置,给清污工作带来许多不便。对于堆积在拦污栅前的污物、杂草,如不及时清除,将会大大减小过流断面,造成栅前水位壅高,增大过栅水头损失,并使栅后水流状态恶化,严重影响机组的正常运行。例如某泵站安装 2.8CJ-70 型轴流泵,单泵设计流量 $20m^3/s$,由于污物、杂草阻塞在拦污栅前,增大过栅水头损失 0.25m,查该泵型性能曲线可知流量减少约 $0.5m^3/s$,减少值相当于单泵设计流量的 1/40。又如某泵站 1989 年春灌时,多机组抽水,进水闸前出现长 40m~50m、厚 1m~2m 的柴草堆,人立草上不下沉,泵站被迫停止引水,组织 100 余人下水 3d,才将柴草捞净,恢复了泵站运行。因此,本规范规定,进水处有污物、杂草的泵站,应设置专用的拦污栅和清污设施,其位置宜设在引渠末端或前池入口处。

5.1.8 根据调查资料,在已建的泵站中当公路干道与泵站引渠或出水干渠交叉时,公路桥通常与站内交通桥结合,紧靠泵房布置。这样虽可利用泵房墩、墙作为桥墩、桥台,节省工程投资,但有很多弊端,如车辆从桥上通过时噪声轰鸣,干扰泵房值班人员的工作,容易导致机组运行的误操作;同时由于尘土飞扬,还会污染泵房环境等。例如某泵站装机功率6×1600kW,由于兴建时片面强调节约资金,将通往某市的干线公路桥与泵房建在一起,建成后,每日过桥车辆如梭,轰鸣不绝于耳,晴天灰雾腾腾,雨天泥泞飞溅,对泵站的安全运行和泵房环境影响极大,曾发生过由于车辆噪声干扰导致机组运行误操作的事故。如果公路桥与泵房之间拉开一段距离,虽增加了工程投资,但可避免上述弊端,改善泵站运行条件和泵房环境。同样,高压输电线路、地下压力管道对泵站的安全运行可能造成不利影响。因此,本规范规定泵房与铁路、高压输电线路、地下压力管道、高速公路及一、二级公路之间的距离不宜小于100m。

5.1.10 水工整体模型试验是研究和预测泵站抽水能力及机组运行时进、出口水流条件的最好方法。目前我国建设的大、中型泵站较多,已积累了丰富的经验,对于水流条件简单的泵站,一般不做水工整体模型试验也能满足要求,但对于水流条件复杂的大型泵站枢纽布置,还是应通过水工整体模型试验验证。

5.2 泵站布置形式

5.2.1 灌溉、供水泵站的总体布置,一般可分为引水式和岸边式两种。引水式布置一般适用于水源岸边坡度较缓的情况。在满足灌溉引水要求的条件下,为了节省工程投资和运行费用,泵房位置应通过技术经济比较确定。当水源水位变化幅度不大时,可不设进水闸控制;当水源水位变化幅度较大时,则应在引渠渠首设进水闸。这种布置形式在我国平原和丘陵地区从河流、渠道或湖泊取水的灌溉、供水泵站中采用较多。而在多泥沙河流上，由于引渠易淤积，建议尽量不要采用引水式布置。根据某地区泵站引渠淤积状况调查，进口设闸控制的引渠，一般每年需清淤1次～2次；而进口未设闸控制的引渠，每当灌溉时段结束，引渠即被淤满，下次引水时，必须首先清淤，汛期每次洪水过后，再次引水时，同样也必须清淤，每年清淤工作量相当大，大大增加了运行管理费用。岸边式布置一般适用于水源岸边坡度较陡的情况。采用岸边式布置，由于站前无引渠，可大大减少管理维护工作量；但因泵房直接挡水，加之泵房结构又比较复杂，因此，泵房的工程投资要大一些。至于泵房与岸边的相对位置，根据调查资料，其进水建筑物的前缘，有与岸边齐平的，有稍向水源凸出的，运用效果均较好。

从水库取水的灌溉、供水泵站，当水库岸边坡度较缓、水位变化幅度不大时，可建引水式固定泵房；当水库岸边坡度较陡、水位变化幅度较大时，可建岸边式固定泵房或竖井式（干室型）泵房；当水位变化幅度很大时，可采用移动式泵房（缆车式、浮船式泵房）或潜没式固定泵房。这几种泵房在布置上的最大困难是出水管道接头问题。

5.2.2 由于自排比抽排可节省大量电能，因此在具有部分自排条件的地点建排水泵站时，如果自排闸尚未修建，应优先考虑排水泵站与自排闸合建，以简化工程布置，降低工程造价，方便工程管理。例如某泵站将自排闸布置在河床中央，泵房分别布置在自排闸的两侧。泵房底板紧靠自排闸底板，用永久变形缝隔开。当内河水位高于外河水位时，打开自排闸自排；当内河水位低于外河水位，又需排涝时，则关闭自排闸，由排水泵站抽排。又如某泵站将水泵装在自排闸闸墩内，布置更为紧凑，大大降低了工程造价，水流条件也比较好。但对于大、中型泵站，采用这种布置往往比较困难。如果建站地点已建有自排闸，可考虑将排水泵站与自排闸分建，以方便施工。但需另开排水渠道与自排渠道相连接，其交角不宜大于30°，排水渠道转弯段的曲率半径不宜小于5倍渠道水面宽度，且站前引渠宜有长度为5倍渠道水面宽度以上的平直段,以保证泵站进口水流平顺通畅。因此,本规范规定,在具有部分自排条件的地点建排水泵站,泵站宜与排水闸合建;当建站地点已建有排水闸时,排水泵站宜与排水闸分建。

5.2.3 根据调查资料,已建成的灌排结合泵站多数采用单向流道的泵房布置,另建配套涵闸的方式。这种布置方式,适用于水位变化幅度较大或扬程较高的情况,只要布置得当,即可达到灵活运用的要求,但缺点是建筑物多而分散,占用土地较多,特别是在土地资源紧缺的地区,采用这种分建方式,困难较多。至于要求泵房与配套涵闸之间有适当的距离,目的是为了保证泵房进水侧有较好的进水条件;同时也为了保证泵房出水侧有一个容积较大的出水池,以利池内水流稳定,并可在出水池两侧布置灌溉渠首建筑物。例如某泵站枢纽以4个泵房为主体,共安装33台大型水泵,总装机功率49800kW,并有13座配套建筑物配合,通过灵活的调度运用,做到了抽排、抽灌与自排、自灌相结合。4个泵房排成一字形,泵房之间距离250m,共用一个容积足够大的出水池。又如某泵站枢纽由两座泵房、一座水电站和几座配套建筑物组成,抽水机组总装机功率16400kW,发电机组总装机容量2000kW,泵房与水电站呈一字形排列,泵房进水两侧的引水河和排涝河上,分别建有引水灌溉闸和排涝闸,泵房出水侧至外河之间由围堤围成一个容积较大的出水池,围堤上建有挡洪控制闸。抽引时,打开引水闸和挡洪控制闸,关闭排涝闸;抽排时,打开排涝闸和挡洪控制闸,关闭引水闸;防洪时,关闭挡洪控制闸;发电时,打开挡洪控制闸,关闭引水闸。再如某泵站装机功率9×1600kW,通过6座配套涵闸的控制调度,做到了自排、自灌与抽排、抽灌相结合,既可使高、低水分排,又可使上、下游分灌,运用灵活,效益显著。也有个别泵站由于出水池容积不足,影响泵站的正常运行。例如某泵站装机功率6×800kW,单机流量8.7m³/s,由于出水池容积小于设计总容积,当6台机组全部投入运行时,出水池内水位壅高达0.6m,致使池内水流紊乱,增大了扬程,增加了电能损失。对于配套涵闸的过流能力,则要求与泵房机组的抽水能力相适应,否则,亦将抬高出水池水位,增加电能损失。例如某泵站装机功率 $4\times1600\text{kW}$,抽水流量 $84\text{m}^3/\text{s}$,建站时,为了节省工程投资,利用原有 3 孔排涝闸排涝,但其排涝能力只有 $60\text{m}^3/\text{s}$,当泵站满负荷运行时,池内水位壅高,过闸水头损失达 $0.85\text{m}\sim1.10\text{m}$,运行情况恶劣,后将 3 孔排涝闸扩建为 4 孔,运行条件才大为改善,过闸水头损失不超过 0.15m,满足了排涝要求。

当水位变化幅度不大或扬程较低时,可优先考虑采用双向流道的泵房布置。这种布置方式,其突出优点是不需另建配套涵闸。例如某泵站装机功率 $6\times1600\text{kW}$,采用双向流道的泵房布置,快速闸门断流,通过闸门、流道的调度转换,达到能灌、能排的目的。采用这种布置方式,可不建进水闸、节制闸、排涝闸等配套建筑物,布置十分紧凑,占用土地少,工程投资省,而且管理运行方便;缺点是泵站装置效率较低,当扬程在 3m 左右时,实测装置效率仅有 $54\%\sim58\%$,使耗电量增多,年运行费用增加很多。目前这种布置方式在我国为数甚少,主要是由于扬程受到限制和装置效率较低的缘故。另外,还有一种灌排结合泵站的布置形式,即在出水流道上设置压力水箱或直接开岔。例如某泵站装机功率 $2\times2800\text{kW}$,采用并联箱涵及拱涵形式的直管出流,单机双管,拍门断流,在出水管道中部设压力水箱(闸门室),压力水箱两端设灌溉管,分别与灌溉渠首相接,并设闸门控制流量。这种布置形式,可少建配套建筑物,少占用土地,节省工程投资,是一种较好的灌排结合泵站布置形式。又如某两座泵站,装机功率均为 $8\times800\text{kW}$,均采用在出水流道上直接开岔的布置形式,其中一座泵站是在左侧 3 根出水流道上分岔,另一座泵站是在左、右两侧边的出水流道上开岔,岔口均设阀门控制流量,通过与灌溉渠首相接的岔管,将水引入灌溉渠道。这两座泵站的布置形式,均可少建灌溉节制闸及有关附属建筑物,少占用土地,节省工程投资,也是一种较好的灌排结合泵站布置形式；但因在出水流道上开岔，流道内水力条件不如设压力水箱好，当泵站开机运行时，可能对机组效率有影响。

5.2.4 大、中型泵站因机组功率较大，对基础的整体性和稳定性要求较高，通常是将机组的基础和泵房的基础结合起来，组合成为块基型泵房。块基型泵房按其是否直接挡水及与堤防的连接方式，可分为堤身式和堤后式两种布置形式。堤身式泵房因破堤建站，其两翼与堤防相连接，泵房直接挡水，对地基条件要求较高，其抗滑稳定安全主要由泵房本身重量来维持，同时还应满足抗渗稳定安全的要求，因此适用的扬程不宜高，否则不经济。堤后式泵房因堤后建站，泵房不直接挡水，对地基条件要求稍低，同时因泵房只承受一部分水头，容易满足抗滑、抗渗稳定安全的要求，因此适用的扬程可稍高些。例如某泵站工程包括一、二两站，一站装机功率 $8\times800kW$，设计净扬程 7.5m，采用虹吸式出水流道，建在轻亚粘土地基上；二站装机功率 $2\times1600kW$，设计净扬程 7.0m，采用直管式出水流道，建在粘土地基上。在设计中曾分别按堤身式和堤后式布置进行比较，一站采用堤身式布置，其工程量与堤后式布置相比，混凝土多用 $3500m^3$，浆砌石少用 $200m^3$，钢材多用 30t；二站采用堤身式布置，其工程量与堤后式布置相比，混凝土多用 $3100m^3$，浆砌石少用 $2100m^3$，钢材多用 160t。由上述比较可见，当泵房承受较大水头时，采用堤身式布置是不经济的。因为泵房自身重量不够，地基土的抗剪强度又较低，为维持抗滑、抗渗稳定安全，需增设阻滑板和防渗刺墙等结构，再加上堤身式布置的进、出口翼墙又比较高，增加了工程量。因此，本规范规定，建于堤防处且地基条件较好的低扬程、大流量泵站，宜采用堤身式布置；而扬程较高、地基条件稍差或建于重要堤防处的泵站，宜采用堤后式布置。

5.2.5 从多泥沙河流上取水的泵站，通常是先在引水口处进行泥沙处理，如布置沉沙池、冲沙闸等，为泵房抽引清水创造条件。例如某引水工程，引水口处具备自流引水沉沙、冲沙条件，在一级站未建之前,先开挖若干条条形沉沙池,保证了距离引水口约80km的二级站抽引清水。但有些地方并不具备自流引水沉沙、冲沙条件,就需要在多泥沙河流的岸边设低扬程泵站,布置沉沙、冲沙及其他除沙设施。根据工程实践结果,这种处理方式的效果比较好。例如某泵站建在多泥沙的黄河岸边,站址处水位变化幅度7m～13m,岸边坡度陡峻,故先在岸边设一座缆车式泵站,设有7台泵车,配7条出水管道和7套牵引设备。沉沙池位于低扬程缆车式泵站的东北侧,其进口与低扬程泵站的出水池相接,出口则与高扬程泵站的引渠相连。沉沙池分为两厢,每厢长220m,宽4.5m～6.0m,深4.2m～8.4m,纵向底坡1:50,顶部为溢流堰,泥沙在池内沉淀后,清水由溢流堰顶经集水渠进入高扬程泵站引渠。该沉沙池运行10余年来,累计沉沙量达300余万m^3,所沉泥沙由设在沉沙池尾端下部的排沙廊道用水力排走。又如某泵站是建在多泥沙的黄河岸边,先在岸边设一座低扬程泵站,浑水经较长的输水渠道沉沙后,进入高扬程泵站引渠。以上两泵站的实际运行效果都比较好。因此,本规范规定,从多泥沙河流上取水的泵站,当具备自流引水沉沙、冲沙条件时,应在引渠上布置沉沙、冲沙或清淤设施;当不具备自流引水沉沙、冲沙条件时,可在岸边设低扬程泵站,布置沉沙、冲沙及其他排沙设施。

5.2.7 在深挖方地带修建泵站,应合理确定泵房的开挖深度。如开挖深度不足,满足不了水泵安装高程的要求,还可能因不好的土层未挖除而增加地基处理工程量;开挖深度过深,大大增加了开挖工程量,而且可能遇到地下水,对泵房施工、运行管理(如泵房内排水、防潮等)均带来不利的影响,同时因通风、采暖和采光条件不好,还会恶化泵站的运行条件。因此,本规范规定,深挖方修建泵站,应合理确定泵房的开挖深度,减少地下水对泵站运行的不利影响,并应采取必要的站区排水、泵房通风、采暖和采光等措施。

5.2.8 紧靠山坡、溪沟修建泵站,应设置排泄山洪的工程措施,以确保泵房的安全。站区附近如有局部山体滑坡或滚石等灾害发生的可能,应在泵房建成前进行妥善处理,以免危及工程的安全。

5.2.9 在一些地形起伏变化较大山区,布置地面泵站开挖工程量很大,可将泵站布置在开挖的地下洞室内,以节省投资。例如某引黄入晋工程的总干一、二级泵站,均采用了地下泵站的形式。

6 泵 房

6.1 泵房布置

6.1.1、6.1.2 执行这两条规定应注意下列事项：

1 站址地质条件是进行泵房布置的重要依据之一。如果站址地质条件不好，必然影响泵房建成后的结构安全。为此，在布置泵房时，必须采取合适的结构措施，如减轻结构重量、调整各分部结构的布置等，以适应地基允许承载力、稳定和变形控制的要求。

2 泵房施工、安装、检修和管理条件也是进行泵房布置的重要依据。一个合理的泵房布置方案，不仅工程量少、造价低，而且各种设备布置相互协调，整齐美观，便于施工、安装、检修、运行与管理，有良好的通风、采暖和采光条件，符合防潮、防火、防噪声、节能、劳动安全与工业卫生等技术规定，并满足内外交通运输方便的要求。

3 为了做好泵房布置工作，水工、水力机械、电气、金属结构、施工等专业必须密切配合，进行多方案比较，才能选取符合技术先进、经济合理、安全可靠、管理方便原则的泵房布置方案。

6.1.3 本条是强制性条文。泵房挡水部位顶部安全加高，是指在一定的运用条件下波浪、壅浪计算顶高程以上距离泵房挡水部位顶部的高度，是保证泵房内不受水淹和泵房结构不受破坏的一个重要安全措施。泵房运用情况有设计和校核两种。前者是指泵站在设计运行水位或设计洪水位时的运用情况，后者是指泵站在最高运行水位或校核洪水位时的运用情况。安全加高值取用的是否合理，关系到工程的安全程度和工程量的大小。现根据已建泵站工程的实践经验,并考虑与现行行业标准《水利水电工程等级划分及洪水标准》SL 252 的规定协调一致,确定泵房挡水部位顶部安全加高下限值(见本规范表 6.1.3)。

6.1.4 机组间距是控制泵房平面布置的一个重要特征指标,应根据机电设备和建筑结构的布置要求确定。详见本规范第 9.12.2 条~第 9.12.5 条的条文说明。

6.1.5 当机组的台数、布置形式(单列式或双列式布置)、机组间距、边机组段长度确定以后,主泵房长度即可确定,如安装检修间设在主泵房一端,则主泵房长度还应包括安装检修间的长度。

6.1.6 主泵房电动机层宽度主要是由电动机、配电设备、吊物孔、工作通道等布置,并考虑进、出水侧必需的设备吊运要求,结合起吊设备的标准跨度确定。当机组间距确定以后,再适当调整电动机、配电设备、吊物孔等相对位置。当配电设备布置在出水侧,吊物孔布置在进水侧,并考虑适当的检修场地,则电动机层宽度需放宽一些;当配电设备集中布置在主泵房一端,吊物孔又不设在主泵房内,而是设在主泵房另一端的安装检修间时,则电动机层宽度可窄一些。水泵层宽度主要是由进、出水流道(或管道)的尺寸,辅助设备、集水廊道、排水廊道和工作通道的布置要求等因素确定。

6.1.8 主泵房水泵层底板高程是控制主泵房立面布置的一个重要指标,底板高程确定合适与否,涉及机组能否安全正常运行和地基是否需要处理及处理工程量大小的问题,是一个十分重要的问题,应认真做好这项工作。

主泵房电动机层楼板高程也是主泵房立面布置的一个重要指标。当水泵安装高程确定后,根据泵轴、电动机轴的长度等因素,即可确定电动机层的楼板高程。

6.1.9 根据调查资料,已建成泵站内的辅助设备多数布置在主泵房的进水侧,而电气设备则布置在出水侧或中央控制室附近,这样可避免交叉干扰,便于运行管理。

6.1.10 辅机房布置一般有两种:一种是一端式布置,即布置在主泵房一端,这种布置方式的优点是进、出水侧均可开窗,有利于通风、采暖和采光;缺点是机组台数较多时,运行管理不方便。另一种是一侧式布置,通常是布置在主泵房出水侧,这种布置方式的优点是有利于机组的运行管理;缺点是通风、采暖和采光条件不如一端式布置好。

6.1.11 安装检修间的布置一般有三种:一种是一端式布置,即在主泵房对外交通运输方便的一端,沿电动机层长度方向加长一段,作为安装检修间,其高程、宽度一般与电动机层相同。进行机组安装、检修时,可共用主泵房的起吊设备。目前国内绝大多数泵站均采用这种布置方式。另一种是一侧式布置,即在主泵房电动机层的进水侧布置机组安装、检修场地,其高程一般与电动机层相同。进行机组安装、检修时,也可共用主泵房的起吊设备。由于布置进水流道的需要,主泵房电动机层的进水侧通常比较宽敞,具备布置机组安装、检修场地的条件。例如某泵站装机功率 $10 \times 1600 \mathrm{kW}$,泵房宽度 12.0m,机组轴线至进口侧墙的距离为 6.5m,与电动机层的长度构成安装检修间所需的面积,并可设置一个大吊物孔。还有一种是平台式布置,即将机组安装、检修场地布置在检修平台上。这种布置必须具备机组间距较大和电动机层楼板高程低于泵房外四周地面高程这两个条件。例如某泵站装机功率 $8 \times 800 \mathrm{kW}$,机组间距 6.0m,安装间检修平台高于电动机层 5.0m,宽 1.8m,局部扩宽至 2.7m,作为机组安装、检修场地。安装检修间的尺寸主要是根据主机组的安装、检修要求确定,其面积大小应能满足一台机组安装或解体大修的要求,应能同时安放电动机转子连轴、上机架、水泵叶轮或主轴等大部件。部件之间应有 1.0m~1.5m 的净距,并有工作通道和操作需要的场地。现将我国部分泵站的安装检修间尺寸列于表 1。

表1 我国部分泵站安装检修间尺寸统计表

泵站序号	单机功率(kW)	机组间距(m)	安装检修间 位置	安装检修间 高程	安装检修间 长度×宽度(m)	安装检修间长度/机组间距
1	800	4.8	左端	低于电动机层2.05m	3.9×10.75	0.81
2	800	4.8	左端	低于电动机层2.05m	3.9×10.75	0.81
3	800	4.8		低于电动机层2.55m	4.05×9.4	0.84
4	800	5.0		与电动机层同高	4.65×11.9	0.93
5	800	5.0		与电动机层同高	4.65×11.9	0.93
6	800	5.0	左端	与电动机层同高	5.0×8.5	1.00
7	800	5.2	左端	与电动机层同高	6.6×8.5	1.27
8	800	5.4	检修平台	高于电动机层4.35m	11.0×3.0	2.04
9	800	5.5	右端	低于电动机层2.65m	5.5×9.0	1.00
10	800	5.5	左端	与电动机层同高	11.0×10.4	2.00
11	800	5.6	东站左端、西站右端	与电动机层同高	6.4×10.5	1.14
12	800	6.0	检修平台	高于电动机层5.0m	—	—
13	1600	6.8	在机组间	与电动机层同高		
14	1600	6.8	左端	与电动机层同高	7.8×12.5	1.15
15	1600	7.0	左端	与电动机层同高	5.0×12.5	0.71
16	1600	7.0	右端	与电动机层同高	7.0×10.5	1.00
17	1600	7.0	右端	与电动机层同高	9.8×12.0	1.40
18	1600	7.0	右端	与电动机层同高	10.0×10.5	1.43
19	2800	7.6	左端	与电动机层同高	7.6×12.0	1.00
20	1600	7.7	在主泵房一侧	与电动机层同高	—	—
21	3000	8.0	左端	与电动机层同高	17.75×10.4	2.22
22	3000	8.0	右端	与电动机层同高	17.75×10.4	2.22
23	2800	9.2	左端	与电动机层同高	7.1×9.8	0.77
24	3000	10.0	右端	与电动机层同高	7.1×10.5	0.71
25	6000	11.0	左端	与电动机层同高	17.76×11.5	1.61
26	5000	12.7	左端	低于电动机层3.74m	12.7×13.5	1.00
27	7000	18.8	左端	与电动机层同高	16.5×17.8	0.88

由表1可知,安装检修间长度约为机组间距的0.7倍～

2.2 倍。

6.1.12 近年来,新建的大、中型泵站大都建有中控室。这对于提高泵站自动化水平、减轻泵站运行人员受到噪声伤害十分有利。但是,中控室附近不宜布置容易发出强噪声或强振动的设备,如空气压缩机、大功率通风机等,以避免干扰控制设备或引起设备误动作。

6.1.13 立式机组主泵房自上而下分为:电动机层、联轴层、人孔层(机组功率较小的泵房无人孔层)和水泵层等,为方便设备、部件的吊运,各层楼板均应设置吊物孔,其位置应在同一垂线上,并在起吊设备的工作范围之内,否则无法将设备、部件吊运到各层。

6.1.14～6.1.16 这三条是为满足泵房对外交通运输方便、建筑防火安全、机组运行管理和泵房内部交通要求而制定的。

6.1.17 为便于汇集和抽排泵房内的渗漏水、生产污水和检修排水等,本规范规定,泵房内(特别是水下各层)四周应设排水沟,其末端应设集水廊道或集水井,以便将渗漏水汇入集水廊道或集水井内,再由排水泵排出。

6.1.18 当主泵房为钢筋混凝土结构,且机组台数较多,泵房结构长度较长时,为了防止和减少由于地基不均匀沉降、温度变化和混凝土干缩等产生的裂缝,应设置永久变形缝(包括沉降缝、伸缩缝)。永久变形缝的间距应根据泵房结构形式、地基土质(岩性)、基底应力分布情况和当地气温条件等因素确定。如辅机房和安装检修间分别设在主泵房的两端,因两者与主泵房在结构形式、基底应力分布情况等方面均有较大的差异,故其间均应设置永久变形缝。主泵房本身永久变形缝的间距则根据机组台数、布置形式、机组间距等因素确定,通常情况下是将永久变形缝设在流道之间的隔墩上,大约是机组间距的整倍数。严禁将永久变形缝设在机组的中心线上,以免影响机组的正常运行。因此,合理设置永久变形缝,是泵房布置中的一个重要问题。现将我国部分泵站泵房永久缝间距列于表 2。

表2 我国部分泵站泵房永久缝间距统计表

泵站序号	泵房形式或泵房基础型式	地基土质（岩性）	泵房底板长度(m)	永久缝间距(m)	底板块数
1	湿室型	砂土	27.6	9.2	3
2	湿室型	粉砂	59.2	14.8	4
3	湿室型	粉土	31.4	15.7	2
4	湿室型		39.9	19.95	2
5	块基型	中砂	42.5	12.2,14.7,15.6	3
6	块基型	粉砂与壤土	57.0	14.6,21.2	3
7	块基型	粉质粘土	58.4	14.6,29.2	3
8	块基型	淤泥	15.8	—	1
9	块基型	粉质粘土	32.8	16.4	2
10	块基型	细砂	36.0	18.0	2
11	块基型	壤土	19.5	—	1
12	块基型	板岩	20.3	—	1
13	块基型	细砂	41.6	20.8	2
14	块基型	淤泥质粘土	44.0	22.0	2
15	块基型	淤泥质粉砂	23.0	—	1
16	块基型	粘土	47.98	23.99	2
17	块基型	粉质壤土	49.4	23.7,25.7	2
18	块基型	粉质粘土	24.0	—	1
19	块基型		48.6	24.3	2
20	块基型	粉土夹细砂层	24.9	—	1
21	块基型	粉质粘土	26.0	—	1
22	块基型	粉质砂壤土	26.0	—	1
23	块基型	壤土	34.0	—	1
24	块基型	粉土	46.0	—	1
25	块基型	风化砂岩与页岩	53.58	—	1

由表2可知，所列泵站多数建在软土地基上，永久变形缝间距多在15m～30m之间，因此本规范规定土基上的永久变形缝间距不宜大于30m。最小缝距未作规定，但最好不小于15m。表2中

所列岩基上的泵站仅有两座,均为单块底板,参照有关设计规范的规定,本规范规定岩基上的永久变形缝间距不宜大于20m。

6.1.19 为了方便主泵房排架结构的设计和施工,并省掉排架柱的基础处理工程量,本规范规定排架宜等跨布置,立柱宜布置在隔墙或墩墙上。同时,为了避免地基不均匀沉降、温度变化和混凝土干缩对排架结构的影响,当泵房结构连同泵房底板设置永久变形缝时,排架柱应设置在缝的左右侧,即排架横梁不应跨越永久变形缝。

6.1.20 为了保持主泵房电动机层的洁净卫生,其地面宜铺设水磨石。泵房门窗主要是根据泵房内通风、采暖和采光的需要而设置的,其布置尺寸与泵房的结构形式、面积和空间的大小、当地气候条件等因素有关。一般窗户总面积与泵房内地面面积之比控制在1/7~1/5。即可满足自然通风的要求。在南方湿热地区,夏天气温较高,且多阴雨天气,还需采取机械通风措施。如泵房窗户开得过大,在夏季,由于太阳辐射热影响,会使泵房内温度升高,不利于机组的正常运行和运行值班人员的身体健康;在冬季,对泵房内采暖保温也不利。因此,泵房设计时要全面考虑。为了冬季保温和夏季防止阳光直射的影响,本规范规定严寒地区的泵房窗户应采用双层玻璃窗。向阳面窗户宜有遮阳设施。

6.1.22 建筑防火设计是建筑物设计的一个重要方面。建筑物的耐火等级可分为四级。考虑到泵房建筑的永久性和重要性,本规范规定泵站建筑物、构筑物生产的火灾危险性类别和耐火等级,以及泵房内应设置的消防设施(包括消防给水系统及必要的固定灭火装置等)均应符合国家现行有关标准的规定。

6.1.23 当噪声超过规定标准时,既不利于运行值班人员的身体健康,又容易导致误操作,带来严重的后果。原规范规定泵房电动机层值班地点允许噪声标准不得大于85dB(A),中控室、微机室和通信室允许噪声标准不得大于65dB(A)。本次标准修改时,参照现行行业标准《水利水电工程劳动安全与工业卫生设计规范》

DL 5061 的规定,改为泵房电动机层值班地点允许噪声标准不得大于 85dB(A),中控室、通信值班室允许噪声标准:在机组段内的不得大于 70dB(A),在机组段外的不得大于 60dB(A)。若超过上述允许噪声标准时,应采取必要的降声、消声和隔声措施,如在中控室、通信值班室进口分别设气封隔声门等。

6.2 防渗排水布置

6.2.1 泵站和其他水工建筑物一样,地基防渗排水布置是设计中十分重要的环节,尤其是修建在江河湖泊堤防上和松软地基上的挡水泵站。根据已建工程的实践,工程的失事多数是由于地基防渗排水布置不当造成的。因此,应高度重视,千万不可疏忽大意。

泵站地基的防渗排水布置,即在泵房高水位侧(出水侧)结合出水池的布置设置防渗设施,如钢筋混凝土防渗铺盖、垂直防渗体(钢筋混凝土板桩、水泥砂浆帷幕、高压喷射灌浆帷幕、混凝土防渗墙)等,用来增加防渗长度,减小泵房底板下的渗透压力和平均渗透坡降;在泵房低水位侧(进水侧)结合前池、进水池的布置,设置排水设施,如排水孔(或排水减压井)、反滤层等,使渗透水流尽快地安全排出,并减小渗流出逸处的出逸坡降,防止发生渗透变形,增强地基的抗渗稳定性。采用何种防渗排水布置,应根据站址地质条件和泵站扬程等因素,结合泵房和进出水建筑物的布置确定。对于粘性土地基,特别是坚硬粘土地基,其抗渗透变形的能力较强,一般在泵房高水位侧设置防渗铺盖,加上泵房底板的长度,即可满足泵房地基防渗长度的要求,泵房低水位侧的排水设施也可做得简单些;对于砂性土地基,特别是粉砂、细砂地基,其抗渗透变形的能力较差,要求的安全渗径系数较大,通常需要设置防渗铺盖和垂直防渗体(或相结合的防渗设施),才能有效地保证抗渗稳定安全,同时对排水设施的要求也比较高。对于岩石地基,如果防渗长度不足,只需在泵房底板高水位侧(出水侧)增设齿墙,或在齿墙下设置灌浆帷幕,其后再设置排水孔即可。泵站扬程较高,防渗排水布置的要求也较高;反之,泵站扬程较低,防渗排水布置的要求也较低。

同上述正向防渗排水布置一样,对侧向防渗排水布置也应认真做好,不可忽视。侧向防渗排水布置应结合两岸连接结构(如岸墙,进、出口翼墙)的布置确定。一般可设置防渗刺墙、垂直防渗体等,用来增加侧向防渗长度和侧向渗径系数。但必须指出,要特别注意侧向防渗排水布置与正向防渗排水布置的良好衔接,以构成完整的防渗排水系统。

6.2.2 当土基上泵房基底防渗长度不足时,一般可结合出水池布置,在其底板设置钢筋混凝土防渗铺盖、垂直防渗体或两者相结合的布置形式。为了防止和减少由于地基不均匀沉降、温度变化和混凝土干缩等产生的裂缝,铺盖应设永久变形缝。根据已建的泵站工程实践,永久变形缝间距不宜大于20m,且应与泵房底板的永久变形缝错开布置,以免形成通缝,对基底防渗不利。

由于砂土或砂壤土地基容易产生渗透变形,当泵房基底防渗长度不足时,一般可采用铺盖和垂直防渗体相结合的布置形式,用来增加防渗长度,减小泵房底板下的渗透压力和平均渗透坡降。如果只采用铺盖防渗,其长度可能需要很长,不仅工程造价高,不经济,而且防渗效果也不理想。因此,铺盖必须和垂直防渗体结合使用,才有可能取得最佳的防渗效果。垂直防渗体是垂直向的防渗设施,它比作为水平向防渗设施的铺盖不仅防渗效果好,而且工程造价低。在泵房底板的上、下游端,一般常设有深度不小于0.8m~1.0m的浅齿墙,既能增加泵房基底的防渗长度,又能增加泵房的抗滑稳定性。齿墙深度最深不宜超过2.0m,否则,施工有困难,尤其是在粉砂、细砂地基上,在地下水水位较高的情况下,浇筑齿墙的坑槽难以开挖成形。垂直防渗体的长度也应根据防渗效果好和工程造价低的原则,并结合施工方法确定。在一般情况下,垂直防渗体宜布置在泵房底板高水位侧的齿墙下,这对减小泵房底板下的渗透压力效果最为显著。垂直防渗体长度不宜过长,否则，不仅在经济上不合理，而且又增大施工困难。

在地震动峰值加速度大于或等于0.10g地震区的粉砂或细砂地基上，泵房底板下的垂直防渗体布置宜构成四周封闭的形式，以防止在地震荷载作用下可能发生粉砂或细砂地基的"液化"破坏，即地基产生较大的变形或失稳，从而影响泵房的结构安全。

根据泵站工程的运用特点，在以水压力为主的水平向荷载作用下，泵房底板与地基土之间应有紧密的接触，以避免形成渗流通道，因此为了保证基底的防渗安全，土质地基上的泵房桩基一般采用摩擦型桩（包括摩擦桩和端承摩擦桩）。如果采用端承型桩（包括端承桩和摩擦端承桩），底板底面以上的作用荷载几乎全部由端承型桩承担，直接传递到下卧岩层或坚硬土层上，底板与地基土的接触面上则有可能出现"脱空"现象，加之地下渗流的作用，造成接触冲刷，从而危及泵房安全。因此，在防渗段底板下不得已采用端承型桩时，为了防止底板与地基土的接触面产生接触冲刷（这是一种十分有害的渗流破坏形式），应采取有效的基底防渗措施，例如在底板上游侧设防渗板桩或截水槽，加强底板永久缝的止水结构等。

为了减小泵房底板下的渗透压力，增强地基的抗渗稳定性，在前池、进水池底板上设置适量的排水孔，在渗流出逸处设置级配良好、排水通畅的反滤层，这和在泵房基底防渗段设置防渗设施具有同样的重要性。排水孔的布置直接关系到泵房底板下渗透压力的大小和分布状况。排水孔的位置愈往泵房底板方向移动，泵房底板下的渗透压力就愈小，泵房基底的防渗长度随之缩短，作为防渗设施的铺盖、垂直防渗体需做相应的加长或加深。排水孔孔径一般为50mm～100mm，孔距为1m～2m，呈梅花形布置。反滤层一般由2层～3层、每层厚150mm～300mm的不同粒径无粘性土构成，每层层面应大致与渗流方向正交，粒径应沿着渗流的方向由细变粗，第一层平均粒径为0.25mm～1mm，第二层平均粒径为1mm～5mm，第三层平均粒径为5mm～20mm。

6.2.3 铺盖长度应根据防渗效果好和工程造价低的原则确定。从渗流观点看,铺盖长度过短,不能满足防渗要求;但铺盖长度过长,其单位长度的防渗效果也会降低,是不经济的。因此,本规范规定,铺盖长度要适当,可采用上、下游最大水位差的3倍～5倍。

混凝土或钢筋混凝土铺盖的厚度,一般根据构造要求确定。为了保证铺盖防渗效果和方便施工,混凝土或钢筋混凝土铺盖最小厚度不宜小于0.4m,一般做成等厚度形式。根据国内经验,当地基土质较好时,永久缝的缝距不宜超过15m～20m;土质中等时,不宜超过10m～15m;土质较差时,不宜超过8m～12m。因此,本规范规定,混凝土或钢筋混凝土铺盖顺水流向的永久缝缝距可采用8m～20m。为了减轻翼墙及墙后回填土重量对铺盖的不利影响,靠近翼墙的铺盖,缝距宜采用小值。

防渗土工膜的厚度应根据作用水头、膜下土体可能产生裂隙宽度、膜的应变和强度等因素确定。根据水闸工程的实践经验,采用的土工膜厚度不宜小于0.5mm。在敷设土工膜时,应排除膜下积水、积气,防渗土工膜上部可采用水泥砂浆、砌石或预制混凝土块进行防护。

6.2.4 当地基持力层为较薄的透水层(如砂性土层或砂砾石层),其下为深厚的相对不透水层时,可设截水槽或防渗墙。但截水槽或防渗墙必须截断透水层。为了保证良好的防渗效果,截水槽或防渗墙嵌入不透水层的深度不应小于1.0m,其下卧层为岩石时,截水槽或防渗墙嵌入岩石的深度不应小于0.5m。

6.2.5 当地基持力层为不透水层,其下为深厚的相对透水层时,为了消减承压水对泵房和覆盖层稳定的不利影响,必要时,可在前池、进水池设置深入相对透水层的排水减压井,但绝对不允许将排水减压井设置在泵房基底防渗段范围内,以免与泵房基底的防渗要求相抵触。

6.2.8 高扬程泵站出水管道一段为沿岸坡铺设的明管或埋管,而出水池通常布置在高达数十米甚至上百米的岸坡顶。为了防止由于降水形成的岸坡径流对泵房基底造成冲刷,或对泵房基底防渗产生不利的影响,可在泵房高水位侧岸坡上设置能拦截岸坡径流的通畅的自流排水沟和可靠的护坡。

6.2.9 为了防止水流通过永久变形缝渗入泵房,在水下缝段应埋设材质耐久、性能可靠的止水片(带)。对于重要的大型泵站,应埋设2道止水片(带)。目前常用的止水片(带)有紫铜片、塑料止水带和橡胶止水带等,可根据承受的水压力、地区气温、缝的部位及变形情况选用。

止水片(带)的布置应对结构的受力条件有利。止水片(带)除应满足防渗要求外,还能适应混凝土收缩及地基不均匀沉降的变形影响,同时材质要耐久,性能要可靠,构造要简单,还要方便施工。

在水平缝与水平缝,水平缝与垂直缝的交叉处,止水构造必须妥善处理;否则,有可能形成渗漏点,破坏整个结构的防渗效果。交叉处止水片(带)的连接方式有柔性连接和刚性连接两种,可根据结构特点、交叉类型及施工条件等选用。对于水平缝与垂直缝的交叉,一般多采用柔性连接方式;对于水平缝与水平缝的交叉,则多采用刚性连接方式。

6.3 稳 定 分 析

6.3.1 为了简化泵房稳定分析工作,可采取一个典型机组段(包括中间机组段、边机组段和安装间)或一个联段(几台机组共用一块底板,以底板两侧的永久变形缝为界,称为一个联段)作为计算单元。经工程实践检验,这样的简化是可行的。

6.3.2 执行本条规定应注意下列事项:

1 计算作用于泵房底板底部渗透压力的方法,主要根据地基类别确定。土基上可采用渗径系数法(亦称直线分布法)或阻力系数法。前者较为粗略,但计算方法简便,可供初步设计阶段泵房地下轮廓线布置时采用;后者较为精确,但计算方法较为复杂。我国南京水利科学研究院的研究人员对阻力系数法作了改进，提出了改进阻力系数法。该法既保持了阻力系数法的较高精确度，又使计算方法作了一定程度的简化，使用方便，实用价值大。因此，本规范规定对于土基上的泵房，宜采用改进阻力系数法。岩基渗流计算，因涉及基岩的性质，岩体构造、节理、裂隙的分布状况等，情况比较复杂。根据调查资料，作用在岩基上泵房底板底部的渗透压力均按进、出口水位差作为全水头的三角形分布图形确定。因此，本规范规定对于岩基上的泵房，宜采用直线分布法。

2 计算作用于泵房侧面土压力的方法，主要根据泵房结构在土压力作用下可能产生的变形情况确定。土基上的泵房，在土力作用下往往产生背离填土方向的变形，因此，可按主动土压力计算；岩基上的泵房，由于结构底部嵌固在基岩中，且因结构刚度较大，变形较小，因此可按静止土压力计算。土基上的岸墙、翼墙，由于这类结构比较容易出问题，为安全起见有时亦可按静止土压力计算。对于被动土压力，因其相应的变形量已超出一般挡土结构所允许的范围，故一般不予考虑。

关于主动土压力的计算公式，当填土为砂性土时多采用库仑公式；当填土为粘性土时可采用朗肯公式，也可采用楔体试算法。考虑到库仑公式、朗肯公式或其他计算方法都有一定的假设条件和适用范围，因此本规范对具体的计算公式或方法不作硬性规定，设计人员可根据工程具体情况选用合适的计算公式或方法。对于静止土压力的计算，目前尚无精确的计算公式或方法，一般可采用主动土压力系数的1.25倍～1.5倍作为静止土压力系数。

关于超载问题，当填土上有超载作用时可将超载换算为假想的填土高度，再代入计算公式中计算其土压力。

3 计算浪压力的公式很多。原规范推荐采用官厅—鹤地水库公式或莆田试验站公式。对于从水库、湖泊取水的灌溉泵站或向湖泊排水的排水泵站以及湖泊岸边的灌排结合泵站，宜采用官厅—鹤地水库公式；对于从河流、渠道取水的灌溉泵站或向河流排水的排水泵站以及河流岸边的灌排结合泵站,宜采用莆田试验站公式。根据原规范执行后反馈的情况,普遍认为莆田试验站公式考虑的影响因素全面,适用范围广,计算精度高,对深水域或浅水域均适用,已可以满足各类泵站浪压力的计算要求,其他公式应用较少。因此,本规范修订时改为推荐莆田试验站公式作为浪压力计算的主要公式。

关于风速值的采用,过去多采用当地实测风速值或由当地实测风力级别查莆福氏风力表确定风速值,但国家现行有关标准(如《水闸设计规范》SL 265等)均推荐在设计条件下采用当地气象台站重现期50a一遇的年最大风速,校核运用水位或地震情况下采用当地气象台站年最大风速的多年平均值。因此,本规范在修订时,作了相应的修改。

关于吹程的采用,参照有关资料规定,当对岸最远水面距离不超过建筑物前沿水面宽度5倍时,可采用建筑物至对岸的实际距离;当对岸最远水面距离超过建筑物前沿水面宽度5倍时,可采用建筑物前沿水面宽度的5倍作为有效吹程。这样的规定是比较符合工程实际情况的。

至于风浪的持续作用时间,是指保证风浪充分形成所必需的最小风时。当采用莆田试验站公式时,风浪的持续作用时间可按莆田试验站公式的配套公式计算求得。

4 淤沙压力可按现行行业标准《水工建筑物荷载设计规范》DL 5077的规定进行计算。

关于风压力、冰压力、土的冻胀力,原规范没有提及其计算规定的内容,本次规范修改时加入了这部分内容。

6.3.3 泵房在施工、运用和检修过程中,各种作用荷载的大小、分布及机遇情况是经常变化的,因此应根据泵房不同的工作条件和情况进行荷载组合。荷载组合的原则是,考虑各种荷载出现的几率,将实际可能同时作用的各种荷载进行组合。由于地震荷载的瞬时性与校核运用水位同时遭遇的几率极少,因此地震荷载不应与校核运用水位组合。

表6.3.3规定了计算泵房稳定时的荷载组合。根据调查资料,这样的规定符合我国泵站工程实际情况。完建情况一般控制地基承载力的计算,故应作为基本荷载组合;而施工情况和检修情况均具有短期性的特点,故可作为特殊荷载组合;对于地震情况,出现的几率很少,而且是瞬时性的,则更应作为特殊荷载组合。

6.3.4、6.3.5 泵房的抗滑稳定安全系数是保证泵房安全运行的一个重要指标,其最小值通常是控制在设计运用情况下、校核运用情况下或设计运用水位时遭遇地震的情况下。

原规范中的公式(6.3.4-2)是根据土基上水工建筑物的研究成果提出的,对于岩基上的泵站,只是在形式上保持与该公式一致。根据目前国家现行有关标准的规定,本次规范修订时将原规范公式(6.3.4-2)拆开,分别按土基和岩基列出公式(6.3.4-2)和公式(6.3.4-3),以便于设计中采用。

在泵站初步设计阶段,计算泵房的抗滑稳定安全系数较多地采用公式(6.3.4-1),因为采用该公式计算简便,但f值的取用比较困难。f值可按试验资料确定;当无试验资料时,可按本规范附录A表A.0.1、表A.0.3规定值采用。表A.0.1、表A.0.3是参照现行行业标准《水闸设计规范》SL 265制定的。公式(6.3.4-2)是根据现场混凝土板的抗滑试验资料进行分析研究后提出来的。抗滑试验结果表明,混凝土板的抗滑能力不仅和基底面与地基土之间的摩擦角ϕ_0值有关,而且还和基底面与地基土之间的粘结力C_0值有关,因此,对于粘性土地基上的泵房抗滑稳定安全系数的计算,采用公式(6.3.4-2)显然是比较合理的。

采用公式(6.3.4-2)计算时,公式中的ϕ_0、C_0值可根据室内抗剪试验资料按本规范附录A表A.0.2的规定采用。经工程实验检验,其计算成果能够比较真实地反映工程的实际运用情况。本规范附录A表A.0.2是根据现场混凝土板的抗滑试验资料与室内抗剪试验资料进行对比分析后制定的,该表所列数据与现行行业标准《水闸设计规范》SL 265 的规定相同。

采用公式(6.3.4-3)计算时,公式中的 f' 值和 C' 值可根据室内抗剪断试验资料、工程实践经验及本规范附录 A 表 A.0.3 所列值综合确定。

由于 f 值或 ϕ_0、C_0 值的取用,对泵房结构设计是否安全、经济、合理关系极大,取用时必须十分慎重。如取用值偏大,则泵房结构在实际运用中将偏于不安全,甚至可能出现滑动的危险;反之,如取用值偏小,则必然会导致工程上的浪费。现将我国部分泵站泵房抗滑稳定计算成果列于表 3。

表 3　我国部分泵站泵房抗滑稳定计算成果

泵站序号	泵站设计级别	装机功率(kW)	设计扬程(m)	泵房形式	水泵叶轮直径(m)	进水/出水流道形式	地基土质	摩擦系数 f	抗滑稳定安全系数计算值 K_c
1	1	8×800	7.0	堤身式	1.6	肘形/虹吸管	粘质粉土	0.35	校核 1.46 检修 2.43
2	1	10×1600	4.7	堤身式	2.8	肘形/虹吸管	淤泥质粘土	0.25	中块 1.35 边块 1.50
3	1	7×3000	7.0	堤后式	3.1	肘形/虹吸管	中粉质壤土	—	检修 1.49 运行 1.60
4	2	8×800	7.0	堤身式	1.6	肘形/平直管	粉质壤土	0.35	灌溉 1.19 排水 1.33
5	2	6×1600	3.7	堤身式	2.8	肘形/虹吸管	粘土	0.30	1.21
6	2	6×1600	5.5	堤身式	2.8	肘形/平直管	淤泥质粘土	0.30	1.32
7	2	6×1600	7.2	堤身式	2.8	肘形/虹吸管	淤泥质粘土	0.25	1.48
8	2	6×1600	5.41	堤身式	2.8	双向	中粉质壤土	0.45	排水 1.56 发电 2.46
9	2	4×1600	5.0	堤后式	2.8	肘形/虹吸管	壤土	0.30	1.27
10	2	9×1600	6.0	堤后式	2.8	肘形/虹吸管	粘土	0.30	中块 1.26 边块 1.13

由表 3 可知,4 号泵站灌溉工况下的 K_c 值偏小,该泵站建在粉质壤土地基上。如 f 值取用 0.4,即可满足规范规定的 K_c 计算

值大于允许值的要求。5、9、10号泵站K_c值亦均偏小,其中5、10号泵站建在粘土地基上,9号泵站建在壤土地基上,如f值均取用0.35,即均可满足规范规定的K_c计算值大于允许值的要求。但是,建在淤泥质粘土地基上的6号泵站,f值取用0.30略偏大,如改用0.25,则K_c计算值小于允许值,不能满足规范规定的要求。修建在中粉质壤土地基上的8号泵站,f值取用0.45明显偏大,如改用0.40,则K_c计算值大于允许值,仍能满足规范规定的要求;如改用0.35,则K_c计算值小于允许值,就不能满足规范规定的要求了。

抗滑稳定安全系数允许值是一个涉及建筑物安全与经济的极为重要的指标,修改后的表6.3.5所列抗滑稳定安全系数允许值与国家现行有关标准的规定是基本一致的。必须指出:表6.3.5规定的抗滑稳定安全系数允许值应与表中规定的适用公式配套使用,不能将表6.3.5中的规定值用于检验不适用公式的计算成果。还必须指出,对于土基,表6.3.5中的规定值对公式(6.3.4-1)和公式(6.3.4-2)均适用,因为当计算指标f值和ϕ_0、C_0值取用合理时,按公式(6.3.4-1)和公式(6.3.4-2)的计算结果大体上是相当的。

在原规范表6.3.5中规定,按公式(6.3.4-1)计算时岩基上泵房抗滑稳定安全系数允许值,在基本组合和特殊组合Ⅰ情况下,不论建筑物的级别,分别为1.10和1.05。本次规范修改时,有意见提出,1级泵站的规模相对较大,其抗滑稳定安全系数应与2、3、4、5级泵站有所区别。因此,本次规范修改时,将岩基上2、3、4、5级泵站在基本组合和特殊组合Ⅰ情况下的抗滑稳定安全系数允许值,分别下降0.02~0.03。

第6.3.5条为强制性条文,必须严格执行。

6.3.6、6.3.7 泵房的抗浮稳定安全系数也是保证泵房安全运行的一个重要指标,其最小值通常是控制在检修情况下或校核运用情况下。公式(6.3.6)是计算泵房抗浮稳定安全系数的唯一公式。

抗浮稳定安全系数允许值的确定，以泵房不浮起为原则。为留有一定的安全储备，本规范规定不分泵站级别和地基类别，基本荷载组合下为1.10，特殊荷载组合下为1.05。

第6.3.7条为强制性条文，必须严格执行。

6.3.8、6.3.9 泵房基础底面应力大小及分布状况也是保证泵房安全运行的一个重要指标，其最大平均值通常是控制在完建情况下，不均匀系数的最大值通常是控制在校核运用情况下或设计运用水位时遭遇地震的情况下。公式(6.3.8-1)或公式(6.3.8-2)是偏心受压公式，由于泵房结构刚度比较大，泵房基础底面应力可近似地认为呈直线分布，因此泵房基础底面应力可按偏心受压公式进行计算。目前我国普遍采用这两个公式计算。

土基上的泵房稳定应在各种计算情况下地基不致发生剪切破坏而失去稳定。因此，在各种计算情况下(一般控制在完建情况下)，要求泵房平均基底应力不大于地基允许承载力，最大基底应力不大于地基允许承载力的1.2倍。对于岩基上的泵房，显然是不难满足上述要求的；而对于土基上的泵房，特别是修建在软土地基上的泵房，要满足上述要求，有时需要通过对地基进行人工处理才能达到。因此，如果不能满足在各种情况下，泵房平均基底应力不大于地基允许承载力，最大基底应力不大于地基允许承载力的1.2倍的要求，地基就将因发生剪切破坏而失去稳定。

为了减少和防止由于泵房基础底部应力分布不均匀导致基础过大的不均匀沉降，从而避免产生泵房结构倾斜甚至断裂的严重事故，本规范规定，土基上泵房基础底面应力不均匀系数(即泵房基础底面应力计算最大值与最小值的比值)不应大于表6.3.9的规定值。表6.3.9规定的不均匀系数允许值与现行行业标准《水闸设计规范》SL 265的规定值是一致的。岩基上泵房基础底面应力的不均匀系数可不受控制。但是，为了避免基础底面基岩之间脱开，要求在非地震情况下基础底面边缘的最小应力不小于零，即基础底面不出现拉应力；在地震情况下基础底面边缘的最小应力不应小于－100kPa,即允许基础底面出现不小于－100kPa的拉应力。现将我国部分泵房基础底面应力及其不均匀系数的计算成果列于表4。

表4 我国部分泵站泵房基础底面应力及其不均匀系数计算成果表

泵站序号	泵站设计级别	装机功率(kW)	泵房形式	地基土质	计算情况或计算部位	基础底面应力(kPa)			不均匀系数
						最大值	最小值	平均值	
1	1	8×800	堤身式	粘质粉土	校核、检修	220、164	99、83	160、124	2.22、1.89
2	1	10×1600	堤身式	淤泥质粘土	中块、边块	225、270	183、172	204、221	1.23、1.57
3	1	7×3000	堤后式	中粉质壤土	检修、运行	143、223	41、108	92、166	3.49、2.06
4	2	8×800	堤身式	粉质壤土	灌溉、排水	116、89	87、68	102、79	1.33、1.31
5	2	6×1600	堤身式	粘土	左块、右块	205、206	145、147	175、177	1.41、1.40
6	2	6×1600	堤身式	淤泥质粘土		276	146	211	1.89
7	2	6×1600	堤身式	淤泥质粘土	左块、右块	245、237	154、188	200、213	1.59、1.26
8	2	6×1600	堤身式	中粉质壤土	排水、发电	143、93	38、37	91、65	3.76、2.51
9	2	4×1600	堤后式	壤土		203	188	196	1.08
10	2	9×1600	堤后式	粘土	中块、边块	187、224	163、136	177、180	1.12、1.65

由表4可知,2、6、7号泵站均建在淤泥质粘土地基上,其中6号泵站泵房基础底面应力平均值达211kPa,最大值高达276kPa,是淤泥质粘土地基所不能承受的,而不均匀系数为1.89,超过了表6.3.9的规定值,该泵站泵房在施工过程中的最大沉降值超过了50cm,沉降差达25cm～35cm,被迫停工达半年之久,影响了工程进度,因而未能及时发挥工程效益;2号泵站泵房边块基础底面

应力平均值达 221kPa、最大值高达 270kPa，7 号泵站泵房左块基础底面应力平均值达 200kPa、最大值高达 245kPa，都是淤泥质粘土地基所不能承受的，但这两座泵站泵房边块和左块基础底面压应力不均匀系数分别为 1.57 和 1.59，稍大于表 6.3.9 的规定值，加之施工程序安排比较适当，因而施工过程中均未发现什么问题。这就说明，在设计中严格控制泵房基础底面应力及其不均匀系数和在施工中适当安排好施工程序，是十分重要的。3、8 号泵站均建在中粉质壤土地基上，其中 3 号泵站泵房在检修工况下和 8 号泵站泵房在排水工况下的基础底面应力不均匀系数分别达 3.49 和 3.76，大大超过了表 6.3.9 的规定值，但因基础底面应力的平均值仅为 91kPa～92kPa，最大值均为 143kPa，是中粉质壤土地基所能够承受的，因而在泵站运行过程中未发生什么问题。

满足了表 6.3.9 的规定，根本就不存在泵房结构发生倾覆的问题。至于表 6.3.9 的规定值，主要是根据控制泵房基础底面不产生过大的不均匀沉降，即控制泵房结构的竖向轴线（中垂线）不产生过大倾斜的要求确定的，这正是土基上建筑物的一个很显著的特点。而岩基上建筑物一般不存在由于地基不均匀沉降导致的不良后果，因此对不均匀系数可不控制。

关于"在地震情况下，泵房地基持力层允许承载力可适当提高"，可参考现行国家标准《建筑抗震设计规范》GB 50011，天然地基基础抗震验算时，应采用地震作用效应标准组合，且地基抗震承载力应取地基承载力特征值乘以地基抗震承载力调整系数计算。

地基抗震承载力应按下式计算：

$$f_{aE} = \xi_a f_a \tag{1}$$

式中：f_{aE}——调整后的地基抗震承载力；

ξ_a——地基抗震承载力调整系数，应按表 5 采用；

f_a——深宽修正后的地基承载力特征值，应按现行国家标准《建筑地基基础设计规范》GB 50007 采用。

表 5 地基土抗震承载力调整系数

岩土名称和性状	ξ_a
岩石,密实的碎石土,密实的砾、粗、中砂,$f_{ak} \geqslant 300$ 的粘性土和粉土	1.5
中密、稍密的碎石土,中密和稍密的砾、粗、中砂,密实和中密的细、粉砂,$150 \leqslant f_{ak} < 300$ 的粘性土和粉土,坚硬黄土	1.3
稍密的细、粉砂,$100 \leqslant f_{ak} < 150$ 的粘性土和粉土,可塑黄土	1.1
淤泥,淤泥质土,松散的砂,杂填土,新近堆积黄土及流塑黄土	1.0

6.4 地基计算及处理

6.4.1 建筑物的地基计算应包括地基的承载能力计算、地基的整体稳定计算和地基的沉降变形计算等,其计算结果是判断地基要不要处理和如何处理的重要依据。如果计算结果不能满足要求而地基又不做处理,就会影响建筑物的安全或正常使用。因此,本规范规定泵房选用的地基应满足承载能力、稳定和变形的要求。

6.4.2 标准贯入击数小于 4 击的粘性土地基和标准贯入击数小于或等于 8 击的砂性土地基均为松软地基,其抗剪强度均较低,地基允许承载力均在 80kPa 以下,而泵房结构作用于地基上的平均压应力一般均在 150kPa～200kPa,少则 80kPa～100kPa,多则 200kPa 以上,特别是标准贯入击数小于 4 击的粘性土地基,含水量大,压缩性高,透水性差,通常会产生相当大的地基沉降和沉降差,对安装精度要求严格的水泵机组来说,更是不能允许的。因此,本规范规定,标准贯入击数小于 4 击的粘性土地基(如软弱粘性土地基、淤泥质土地基、淤泥地基等)和标准贯入击数小于或等于 8 击的砂性土地基(如疏松的粉砂、细砂地基或疏松的砂壤土地基等),均不得作为天然地基。对于这些地基,由于各项物理力学性能指标较差,当工程结构上难以协调适应时,就必须进行妥善处理。

6.4.3 水工建筑物不宜建造在半岩半土或半硬半软的地基上,这是一条基本准则。在具体执行过程中发现,对于半岩半土地基,设计人员都能很好的应对;但是对于半硬半软的情况,处理上还是有一定偏差。例如,对于原状地基中发现持力层有软硬不均的现象时进行适当的处理,一般都能做到。但是,诸如上、下游翼墙处由于基坑开挖造成回填的现象,往往没有引起重视,其结果是局部建筑物倾斜或沉降不均,甚至发生事故。为此,本次规范修订时强调了这一点。

6.4.4 国家现行行业标准《公路桥涵地基与基础设计规范》JTG D63 规定,土基上大、中桥基础底面埋置在局部冲刷线以下的安全值,一般为 1.0m~3.5m;技术复杂、修复困难的大桥和重要大桥为 1.5m~4.0m。土基上泵房和取水建筑物由于受水流作用的影响,也可能在基础底部产生局部冲刷,从而影响建筑物的安全,但比公路桥涵基础底部可能产生的局部冲刷深度要小得多。因此,本规范规定土基上泵房和取水建筑物的基础埋置深度,宜在最大冲刷深度以下 0.5m,采取防护措施后可适当提高。

6.4.5 位于季节性冻土地区土基上的泵房和取水建筑物,由于土的冻胀力作用,可能引起基础上抬,甚至产生开裂破坏。因此,本规范规定位于季节性冻土地区土基上的泵房和取水建筑物,其基础埋置深度应大于该地区最大冻土深度,即应将基础底面埋置在该地区最大冻土深度以下的不冻胀土层中。现行行业标准《公路桥涵地基与基础设计规范》JTG D63 规定,当上部为超静定结构的桥涵基础,其地基为冻胀性土时,应将基础底面埋入冻结线以下不小于 0.25m。这一规定,可供泵房和取水建筑物设计时参考使用。

6.4.6 土质地基整体稳定计算采用的抗剪强度指标,目前多由地基土的剪切试验求得。但是采用不同的试验仪器和试验方法,得出的试验成果往往差别较大。目前国内常用的剪切仪主要有直剪仪和三轴剪切仪两种。三轴剪切仪的受力状态及排水条件比较符合实际,但试验操作比较复杂,不宜在工地现场进行试验。因此,在工程实践中普遍使用的仍然是直剪仪。直剪仪的主要缺点是受力状况不明确及排水条件难以控制。关于试验方法,最理想的是按不同时期的固结度,将土样固结后进行不排水剪切试验,但这种试验方法太复杂,因而常用的试验方法是饱和快剪或饱和固结快剪。对于试验仪器和试验方法如何选用的问题,原则上是要尽可能符合工程实际情况。本规范表 6.4.6 就是根据这个原则拟订的。选用试验方法时,主要是根据地基土类别、地基压缩层厚薄和施工期长短等确定。

6.4.7 本规范附录 B 第 B.1 节选列的泵房地基允许承载力计算公式,主要有限制塑性开展区的公式、汉森公式和核算泵房地基整体稳定性的 C_k 法公式。限制塑性开展区的公式是按塑性平衡理论推导而得的。当取塑性开展区的最大开展深度为某一允许值时,即可以此时的竖向荷载作为地基持力层的允许承载力。通常是将塑性开展区的最大开展深度视为基础宽度的函数。根据工程实践经验,一般取为基础宽度的 1/3 或 1/4,但不宜规定过大,否则影响建筑物的安全稳定;同时,也不宜规定过小,否则就不能充分发挥地基的潜在能力。为安全起见,本规范取用塑性开展区的最大开展深度为基础宽度的 1/4[见附录 B 公式(B.1.1)]。

对于公式(B.1.1)中的基础底面宽度,现行国家标准《建筑地基基础设计规范》GB 50007 规定,大于 6m 时,按 6m 考虑;小于 3m 时,按 3m 考虑。考虑到大、中型泵房基础底面宽度一般都大于 6m,不加区别的都取用 6m,显然不符合泵站工程的实际。因此,本规范对泵房基础底面宽度不作任何限制,按实际取用,但必须同时满足地基的变形要求。

对于公式(B.1.1)中的基础埋置深度,现行国家标准《建筑地基基础设计规范》GB 50007 规定,一般自室外地面标高算起。在填方整平地区,可自填土地面标高算起,但填土在上部结构施工后完成时,应从天然地面标高算起。这一规定,对房屋建筑地基基础是合理的,因其四周开挖深度基本一致,且开挖后回填时间短,地基回弹影响小。但对大、中型泵房基础情况就不同了。大、中型泵房基础和大、中型水闸底板一样,基坑开挖后回填时间长,地基有充分时间回弹,而且两面不回填土,因此基础埋置深度只能按其实际埋深取用。如基础上、下游端有较深的齿墙,亦可从齿墙底脚算至基础顶面,作为基础的埋置深度。

对于公式(B.1.1)中土的抗剪强度指标,考虑到大、中型泵站和大、中型水闸一样,施工时间一般都比较长,地基有充分时间固结,而且浸于水下,因此宜采用饱和固结快剪试验指标。

严格地说,公式(B.1.1)只适用于竖向对称荷载作用的情况。如果地基承受竖向非对称荷载作用时,可按基础底面应力的最大值进行计算,所得地基持力层的允许承载力则偏于安全。

汉森公式是极限承载力计算公式中的一种,不仅适用于只有竖向荷载作用的情况,而且对既有竖向荷载作用,又有水平向荷载作用的情况也适用。采用该公式计算地基持力层的允许承载力时,规定取用安全系数为 2.0~3.0,这是根据工程的重要性、地基持力层条件和过去使用经验等因素确定的。例如,对于重要的大型泵站或软土地基上的泵站,安全系数可取用大值;对于中型泵站或较坚实地基上的泵站,安全系数可取用小值。本次规范修订时,已将汉森公式的形式予以修改,附录 B 第 B.1 节所列汉森公式,已计入取用的安全系数,可直接计算地基持力层的允许承载力,即公式(B.1.2)。

无论是采用公式(B.1.1),还是采用公式(B.1.2),式中的重力密度和抗剪指标值,都是将整个地基视为均质土取用的。实际工程中常见的多是成层土,可将各土层的重力密度和抗剪强度指标值加权平均,取用加权平均值。这种处理方法比较简单,但容易掩盖软弱夹层的真实情况,对泵房安全是不利的,为此必须同时控制地基沉降不超出允许范围。还有一种处理方法是根据各土层的重力密度和抗剪强度指标值,分层计算其允许承载力,同时绘出地基持力层以下的附加应力曲线,然后检查各土层(特别是软弱夹层)的实际附加应力是否超过各相应土层的允许承载力。如果未超过就安全,超过了就不安全。后一种处理方法虽然克服了前一种处理方法的缺点,不掩盖软弱夹层的真实情况,但计算工作量相当大,往往是与地基沉降计算同时完成。

至于 C_k 法公式,也是按塑性平衡理论推导而得,尤其适用于成层土地基。该公式已被列入了现行行业标准《水闸设计规范》SL 265。在泵站工程设计中,近年来也有一些泵站使用该公式,因此将该公式列入本规范附录 B 第 B.1 节,即公式(B.1.3)。

6.4.8 由于软弱夹层抗剪强度低,往往对地基的整体稳定起控制作用,因此当泵房地基持力层内存在软弱夹层时,应对软弱夹层的允许承载力进行核算。计算软弱夹层顶面处的附加应力时,可将泵房基础底面应力简化为竖向均布、竖向三角形分布和水平向均布等情况,按条形或矩形基础计算确定。条形或矩形基础底面应力为竖向均布、竖向三角形分布和水平向均布等情况的附加应力计算公式可查有关土力学、地基与基础方面的设计手册。

6.4.9 作用于泵房基础的振动荷载,必将降低泵房地基允许承载力,这种影响可用振动折减系数反映。根据现行国家标准《动力机器基础设计规范》GB 50040 的规定,对于汽轮机组和电机基础,振动折减系数可采用 0.8;对于其他机器基础,振动折减系数可采用 1.0。有关动力机器基础的设计手册推荐,对于高转速动力机器基础,振动折减系数可采用 0.8;对于低转速动力机器基础,振动折减系数可采用 1.0。考虑水泵机组基础在动力荷载作用下的振动特性,本规范规定振动折减系数可按 0.8~1.0 选用。高扬程机组的基础可采用小值;低扬程机组的块基型整体式基础可采用大值。

6.4.10、6.4.11 我国水利工程界地基沉降计算,多采用分层总和法,即公式(6.4.10)。严格地说,该式只有在地基土层无侧向膨胀的条件下才是合理的。而这只有在承受无限连续均布荷载作用的情况下才有可能。实际上地基土层受到某种分布形式的荷载作用后,总是要产生或多或少的侧向变形,但因采用分层总和法计算,方法比较简单,工作量相对比较小,计算成果一般与实际沉降量比较接近,因此实际工程中可使用这种计算方法。应该说,无论采用何种计算方法计算地基沉降都是近似的,因为目前各种计算方法在理论上都有一定的局限性,加之地基勘探试验资料的取得,无论是在现场,还是在室内,都难以准确地反映地基的实际情况,因此要想非常准确地计算地基沉降量是很困难的。

当按公式(6.4.10)计算地基最终沉降量时,必须采用土壤压缩曲线,这是由土壤压缩试验提供的。如果基坑开挖较深,基础底面应力往往小于被挖除的土体自重应力,可采用土壤回弹再压缩曲线,以消除开挖土层的先期固结影响。对于公式(6.4.10),根据工程实际情况,往往是软土地基上计算沉降量偏小,对此,参照国家现行有关规范的规定,本次修订时推荐采用了地基沉降量修正系数 m。m 的取值范围为 $1.0 \sim 1.6$,坚实地基取小值,软土地基取大值。

对于地基压缩层的计算深度,可按计算层面处附加应力与自重应力之比等于 $0.1 \sim 0.2$ 的条件确定。这种控制应力分布比例的方法,对于底面积较大的泵房基础,应力往下传递比较深广的实际情况是适宜的,经过水利工程实际使用证明,这种方法是能够满足工程要求的。

泵房地基允许沉降量和沉降差的确定,是一个比较复杂的问题。现行国家标准《建筑地基基础设计规范》GB 50007 规定,建筑物的地基变形允许值,可根据地基土类别,上部结构的变形特征,以及上部结构对地基变形的适应能力和使用要求等确定。如单层排架结构(柱距为 6m)柱基的允许沉降量,当地基土为中压缩性土时为 120mm,当地基土为高压缩性土时为 200mm;建筑物高度为 100m 以下的高耸结构基础允许沉降量,当地基土为中压缩性土时为 200mm,当地基土为高压缩性土时为 400mm。框架结构相邻柱基础的允许沉降差,当地基土为中、低压缩性土时为 $0.002L$(L 为相邻柱基础的中心距,mm),当地基土为高压缩性土时为 $0.003L$;当基础不均匀沉降时不产生附加应力的结构,其相邻柱基础的沉降差,不论地基土的压缩性如何,均为 $0.005L$。现行行业标准《水闸设计规范》SL 265已对地基允许沉降量和沉降差作了具体规定,由于水闸基础尺寸和刚度比较大,对地基沉降的适应性比较强,因此在不危及水闸结构安全和不影响水闸正常使用的条件下,一般水闸基础的最大沉降量达到100mm～150mm和最大沉降差达到30mm～50mm是允许的。对有防水要求的泵房,过大的沉降差将导致防水失效,危及建筑物安全。现行国家标准《地下工程防水技术规范》GB 50108规定用于沉降的变形缝其最大允许沉降差不应大于30mm。

根据原规范调查资料,多数泵站的泵房地基实测最大沉降量为100mm～250mm,最大沉降差为50mm～100mm,只有少数泵站的泵房地基实测最大沉降量和最大沉降差超过或低于上述范围。例如某泵站的泵房地基实测最大沉降量竟达650mm,最大沉降差竟达350mm;又如某泵站的泵房地基实测最大沉降量只有40mm,沉降差只有20mm。但实测资料证明,即使出现较大的沉降量和沉降差,除个别泵站机组每年需进行维修调试,否则难以继续运行外,其余泵站泵房地基均稳定,运行情况正常。显然,如果对这两个控制指标规定太高,软土地基上的泵房结构将难以得到满足,则必须采取改变结构形式(如采用轻型、简支结构),或回填轻质材料,或加大基础的平面尺寸,或调整施工程序和施工进度等措施,但有时采取某种措施却会对泵房结构的抗滑、抗浮稳定带来或多或少的不利影响;如果对这两个控制指标规定太低,固然容易使软土地基上的泵房结构得到满足,但实际上将会危及泵房结构的安全和影响泵房的正常使用,或给泵站的运行管理工作带来较多的麻烦。

6.4.12 本条规定是指在一般条件下可不进行地基沉降计算的情况,对于地基承载力要求特别高的大型泵站,应根据设计需要和工程实际情况进行地基沉降计算。

6.4.13 水工建筑物的地基处理方法很多,随着科学技术的不断发展,新的地基处理方法,如水泥土搅拌法(深层搅拌法、粉喷桩法)、高压喷射法等不断出现。但是,有些地基处理方法目前仍处于研究阶段,在设计或施工技术方面还不够成熟,特别是用于泵房的地基处理尚有一定的困难;有些方法目前用于实际工程,单价太高,与其他地基处理方法相比较,很不经济。根据泵站工程的实际情况,本规范列出换填垫层法、强力夯实法、水泥土搅拌法、振冲法、桩基础、沉井基础等几种常用地基处理方法的基本作用、适用条件和说明事项(见本规范附录B表B.2.1)。但应指出,任何一种地基处理方法都有它的适用范围和局限性,因此对每一个具体工程要进行具体分析,综合考虑地基土质、泵房结构特点、施工条件和运行要求等因素,初步选出几种可供考虑的地基处理方案或多种地基处理综合措施,经技术经济比较确定合适的地基处理方案。必要时应在施工前通过现场试验确定其适用性和处理效果。

6.4.14 根据工程实践经验,强力夯实法、振冲法等处理措施,对于防止土层可能发生"液化",均有一定效果。对于粉砂、细砂、砂壤土地基,如果存在可能发生"液化"的问题,采用板桩或连续墙围封,即将泵房底板下四周封闭,其效果尤为显著。

6.4.15 在我国黄河流域及北方地区,广泛分布着黄土和黄土状土,特别是黄河中游的黄土高原区,是我国黄土分布的中心地带。黄土(典型黄土)湿陷性大,且厚度较大;黄土状土(次生黄土)由典型黄土再次搬运而成,其湿陷性一般不大,且厚度较小。黄土在一定的压力作用下受水浸湿,土的结构迅速破坏而产生显著附加下沉,称为湿陷性黄土。湿陷性黄土可分为自重湿陷性黄土和非自重湿陷性黄土。前者在其自重压力下受水浸湿后发生湿陷,后者在其自重压力下受水浸湿后不发生湿陷。对湿陷性黄土地基的处理,应减小土的孔隙比,增大土的重力密度,消除土的湿陷性,本规范列举了如下几种常用的处理方法:①强力夯实法一般可消除1.2m～1.8m深度内黄土的湿陷性,但当表层土的饱和度大于60%时,则不宜采用。② 换土垫层法(包括换灰土垫层法)是消除黄土地基部分湿陷性最常用的处理方法,一般可消除1m～3m深度内黄土的湿陷性,同时可将垫层视为地基的防水层,以减少垫层下天然黄土层的浸水几率。垫层的厚度和宽度可参照现行国家标准《湿陷性黄土地区建筑规范》GB 50025 确定。③ 土桩挤密法(包括灰土桩挤密法)适用于地下水位以上,处理深度为 5m～15m 的湿陷性黄土地基,对地下水位以下或含水量超过 25％的黄土层,则不宜采用。④ 桩基础是将一定长度的桩穿透湿陷性黄土层,使上部结构荷载通过桩尖传到下面坚实的非湿陷性黄土层上,这样即使上面黄土层受水浸湿产生湿陷性下沉,也可使上部结构免遭危害。在湿陷性黄土地基上采用的桩基础一般有钢筋混凝土打入式预制桩和就地灌注桩两类,而后者又有钻孔桩、人工挖孔桩和爆扩桩之分。钻孔桩即一般软土地基上的钻孔灌注桩,对上部为湿陷性黄土层,下部为非湿陷性黄土层的地基尤为适合。人工挖孔桩适用于地下水含水层埋藏较深的自重湿陷性黄土地基,一般以卵石层或含钙质结核较多的土层作为持力层,挖孔桩孔径一般为 0.8m～1.0m,深度可达 15m～25m。爆扩桩施工简便,工效较高,不需打桩设备,但孔深一般不宜超过 10m,且不适宜打入地下水位以下的土层。对于打入式预制桩,采用时一定要选择可靠的持力层,而且要考虑打桩时黄土在天然含水量情况下对桩的摩阻力作用。当黄土含有一定数量钙质结核时,桩的打入会遇到一定的困难,甚至不能打到预定的设计桩底高程。湿陷性黄土地基上的桩基础应按支承桩设计,即要求桩尖下的受力土层在桩尖实际压力的作用下不致受到湿陷的影响,特别是自重湿陷性黄土地基受水浸湿后,不仅正摩擦力完全消失,甚至还出现负摩擦力,连同上部结构荷载一起,全部要由桩尖下的土层承担。因此,在湿陷性黄土地基上,对于上部结构荷载大或地基受水浸湿可能性大的重要建筑物,采用桩基础尤为合理。⑤ 预浸水法是利用黄土预先浸水后产生自重湿陷性的处理方法,适用于处理厚度大、自重湿陷性强的湿陷性黄土地基。需用的浸水场地面积应根据建筑物的平面尺寸和湿陷性黄土层的厚度确定。由于预浸水法用水量大,工期长,因此在没有充足水源保证的地点,不宜采用这种处理方法。经预浸水法处理后的湿陷性黄土地基,还应重新评定地基的湿陷等级,并采取相应的处理措施。

6.4.16 在我国黄河流域以南地区,不同程度地分布着膨胀土。膨胀土的粘粒成分主要由强亲水性矿物质组成,其矿物成分可归纳为以蒙脱石为主和以伊利石为主两大类,均具有吸水膨胀、失水收缩、反复胀缩变形的特点。这种特点对修建在膨胀土地基上的建筑物危害较大,因此必须在满足建筑物布置和稳定安全要求的前提下,采取可靠的措施。根据多年来对膨胀土的研究和工程实践经验,对修建在膨胀土地基上的泵站工程而言,目前主要采取减小泵房基础底面积,增大泵房基础埋置深度,以及换填无膨胀性土料垫层和设置桩基础等地基处理方法。减小泵房基础底面积是在不影响泵房结构的使用功能和充分利用膨胀土地基允许承载力的条件下,增大基础底面的压应力,以减少地基膨胀变形。增大泵房基础埋置深度是将泵房基础尽量往下埋入非膨胀性或膨胀性相对较小的土层中,以减少由于天气干湿变化对地基胀缩变形的影响。上述两种工程措施主要适用于大气影响急剧层深度一般不大于1.5m 的平坦地区。换填无膨胀性土料垫层的方法主要适用于强膨胀性或较强膨胀性土层露出较浅,或建筑物在使用中对地基不均匀沉降有严格要求的情况。换填的无膨胀性土料主要有非膨胀性的粘性土、砂、碎石、灰土等,这对含水量及孔隙比较高的膨胀性土地基是很有效的工程措施。换填无膨胀性土料垫层厚度可依据当地大气影响急剧层的深度,或通过胀缩变形计算确定。当大气影响急剧层深度较深,采用减小基础底面积、增大基础埋置深度,或换填无膨胀性土料垫层的方法对泵房结构的使用功能或运行安全有影响,或施工有困难,或工程造价不经济时,可采用桩基础。膨胀土地基中单桩的允许承载力应通过现场浸水静载试验,或根据当地工程实践经验确定。在桩顶以下 3m 范围内,桩周允许摩擦力的取值应考虑膨胀土的胀缩变形影响,乘以折减系数 0.5。

在膨胀土地基上设置的桩基础,桩径宜采用250mm～350mm,桩长应通过计算确定,并应大于大气影响急剧层深度的1.6倍,且应大于4m,同时桩尖应支承在非膨胀性或膨胀性相对较小的土层上。

6.4.17 在岩石地基上修建泵房,均不难满足地基的承载能力、稳定和变形要求,因此只需对岩石地基进行常规性的处理,如清除表层松动、破碎岩块,对夹泥裂隙和断层破碎带进行适当的处理等。

喀斯特地基即可溶性岩石地基,主要是指石灰岩地基或白云岩地基,这种地基在我国分布较广,在云南、贵州、广西、四川等省、自治区及广东北部、湖南北部、浙江西部、江苏南部等地均有分布,其中以云贵高原最为集中。由于水对可溶性岩石的长期溶蚀作用,岩石表面溶沟、溶槽遍布,石芽、石林耸立,岩体中常有奇特洞穴和暗沟,以及连接地表和地下的通道,这种现象称"喀斯特"现象。鉴于其复杂性,自然界中很难找到各种条件都完全相同的喀斯特形态,加之修建在喀斯特地基的建筑物也是各不相同的,因此应根据喀斯特地基对建筑物的危害程度,进行专门处理。

6.5 主要结构计算

6.5.1 泵房底板、进出水流道、机墩、排架、吊车梁等主要结构,严格地说均属空间结构,本应按三维结构进行设计,但是这样做计算工作量很大;同时只要满足了工程实际要求的精度,过于精确的计算亦无必要。因此,对上述各主要结构,均可根据工程实际情况,简化为按二维结构进行计算。只是在有必要且条件许可时,才按三维结构进行计算。

6.5.3 泵房底板是整个泵房结构的基础,它承受上部结构重量和作用荷载并均匀地传给地基。依靠它与地基接触面的摩擦力抵抗水平滑动,并兼有防渗、防冲的作用。因此,泵房底板在整个泵房结构中占有十分重要的地位。泵房底板一般均采用平底板形式。它的支承形式因与其连接的结构不同而异,例如大型立式水泵块基型泵房底板,在进水流道进口段,与流道的边墙、隔墩相连接;在进水流道末端,三面支承在较厚实的混凝土块体上;在集水廊道及其后的空箱部分,一般为纵、横向墩墙所支承。这样的"结构—地基"体系,严格地说应按三维结构分析其应力分布状况,但计算极为繁冗,在工程实践中,一般可简化成二维结构,选用近似的计算分析方法。例如进水流道的进口段,一般可沿垂直水流方向截取单位宽度的梁或框架,按倒置梁、弹性地基梁或弹性地基上的框架计算;进水流道末端,一般可按三边固定、一边简支的矩形板计算;集水廊道及其后的空箱部分,一般可按四边固定的双向板计算。现将我国几个已建泵站的泵房底板计算方法列于表6,供参考。

表6 我国几个已建泵站泵房底板计算方法参考表

泵站序号	泵房形式	底板计算方法			说 明
		进水流道进口段	进水流道末端	集水廊道及其后的空箱部分	
1	块基型	其中3个泵站按倒置梁和双向板计算,另一个泵站按倒置连续梁计算	—	按四边固定的双向板计算	由4个泵站组成泵站群
2	块基型	按倒置梁、弹性地基梁和弹性地基上的框架计算	按三边固定、一边简支的矩形板和圆形板计算,并按交叉梁法补充计算	按四边固定的双向板计算	进水流道末端为钟形
3	块基型	按多跨倒置连续梁计算	按三边固定、一边自由的梯形板计算	按四边固定的双向板计算	设计中曾考虑施工实际情况,当进水流道和空箱顶板尚未浇筑,不能形成整体框架结构时,整块底板按交叉梁法计算
4	块基型	按倒置连续框架计算	—	按双向板计算	

应当指出,倒置梁法未考虑墩墙结点宽度和边荷载的影响,加之地基反力按均匀分布,又与实际情况不符,因此该法计算成果比较粗略,但因该法计算简捷,使用方便,对于中、小型泵站工程仍不失为一种简化计算方法。

弹性地基梁法是一种广泛用于大、中型泵站工程设计的比较精确的计算方法。当按弹性地基梁法计算时,应考虑地基土质,特别是地基可压缩层厚度的影响。弹性地基梁法通常采用的有两种假定:一种是文克尔假定,假定地基单位面积所受的压力与该单位面积的地基沉降成正比,其比例系数称为基床系数,或称为垫层系数,显然按此假定基底压力值未考虑基础范围以外地基变形的影响;另一种是假定地基为半无限深理想弹性体,认为土体应力和变形为线性关系,可利用弹性理论中半无限深理想弹性体的沉降公式(如弗拉芒公式)计算地基的沉降,再根据基础挠度和地基变形协调一致的原则求解地基反力,并计及基础范围以外边荷载作用的影响。上述两种假定是两种极限情况,前者适用于岩基或可压缩土层厚度很薄的土基,后者适用于可压缩土层厚度无限深的情况。在此情况下,宜按有限深弹性地基的假定进行计算。至于"有限深"的界限值,目前尚无统一规定。参照现行行业标准《水闸设计规范》SL 265 的规定,本规范规定当可压缩土层厚度与弹性地基梁半长的比值为 $0.25 \sim 2.0$ 时,可按有限深弹性地基梁法计算;当上述比值小于 0.25 时,可按基床系数法(文克尔假定)计算;当上述比值大于 2.0 时,可按半无限深弹性地基梁法计算。

泵房底板的长度和宽度一般都比较大,而且两者又比较接近,按板梁判别公式判定,应属弹性地基上的双向矩形板,对此可按交叉梁系的弹性地基梁法计算。这种计算方法,从试荷载法概念出发,利用纵横交叉梁共轭点上相对变位一致的条件进行荷载分配,分别按纵、横向弹性地基梁计算弹性地基板的双向应力,但计算繁冗,在泵房设计中,通常仍是沿泵房进、出水方向截取单位宽度的弹性地基梁,只计算其单向应力。

本规范所述的反力直线分布法,又称荷载组合法或截面法。这种计算方法虽然假定地基反力在垂直水流方向均匀分布,但不把墩墙当作底板的支座,而认为墩墙是作用在底板上的荷载,按截面法计算其内力。

6.5.4 边荷载是作用于泵房底板两侧地基上的荷载,包括与计算块相邻的底板传到地基上的荷载,均可称为边荷载。当采用有限深或半无限深弹性地基梁法计算时,应考虑边荷载对地基变形的影响。根据试验研究和工程实践可知,边荷载对计算泵房底板内力影响,主要与地基土质、边荷载大小及边荷载施加程序等因素有关。如何准确确定边荷载的影响,是一个十分复杂的问题。因此,在泵房设计中,对边荷载的影响只能作一些原则性的考虑。鉴于目前所采用的计算方法本身还不够完善和取用的计算参数不够准确,对边荷载影响百分数作很具体的规定是没有必要的。因此,本规范只作概略性的规定,执行时可结合工程实际情况稍作选择。这个概略性的规定,即当边荷载使泵房底板弯矩增加时,无论是粘性土地基或砂性土地基,均宜计及边荷载的100%;当边荷载使泵房底板弯矩减少时,在粘性土地基上可不计边荷载的作用,在砂性土地基上可只计边荷载的50%,显然这都是从偏安全角度考虑的。

6.5.5 肘形进水流道和直管式、虹吸式出水流道是目前泵房设计中采用最为普遍的进、出水流道形式,其应力计算方法主要取决于结构布置、断面形状和作用荷载等情况,按单孔或多孔框架结构进行计算。钟形进水流道进口段虽然比较宽,但它的高度较肘形流道矮得多,其结构布置和断面形状与肘形进水流道的进口段相比,有一定的相似性;屈膝式或猫背式出水流道主要是为了满足出口淹没的需要,将出口高程压低,呈"低驼峰"状,其结构布置和断面形状与虹吸式出水流道相比,也有一定的相似性,因此钟形进水流道进口段和屈膝式、猫背式出水流道的应力,也可按单孔或多孔框架结构进行计算。

虹吸式出水流道的结构布置按其外部联结方式可分为管墩整体连接和管墩分离两种形式。前者将流道管壁与墩墙浇筑成一整体结构；后者是流道管壁与墩墙是各自独立的。如果流道宽度较大，中间可增设隔墩。

管墩整体连接的出水流道实属空间结构体系。为简化计算，可将流道截取为彼此独立的单孔或多孔闭合框架结构，但因作用荷载是随作用部位的不同而变化的，如内水压力在不同部位或在同一部位、不同运用情况下的数值都是不同的，因此，进行应力计算时，要分段截取流道的典型横断面。管墩整体联结的出水流道管壁较厚（尤其是在水泵弯管出口处），进行应力计算时，必须考虑其厚度的影响。例如某泵房设计时，考虑了管壁厚度的影响，获得了较为合理的计算成果，减少了钢筋用量。

管墩整体连接的出水流道，一般只需进行流道横断面的静力计算及抗裂核算；管墩分离的出水流道，除需进行流道横断面的静力计算及抗裂核算外，还需进行流道纵断面的静力计算。

当虹吸式出水流道为管墩分离形式时，其上升段受有较大的纵向力，除应计算横向应力外，还应计算纵向应力。例如某泵站的虹吸式出水流道，类似一根倾斜放置的空腹梁，其上端与墩墙连接，下端支承在梁上，上升高度和长度均较大，承受的纵向力也较大，设计时对结构纵向应力进行了计算。计算结果表明，纵向应力是一项不可忽视的内力。

6.5.6 双向进出水流道形式目前在国内还不多见。这是一种双进双出的双层流道结构，呈 X 状，亦称"X 形"流道结构，其下层为双向肘形进水流道，上层为双向直管式出水流道。因此，双向进、出水流道可分别按肘形进水流道和直管式出水流道进行应力计算。如果上、下层之间的隔板厚度不大，则按双层框架结构计算也是可以的。

6.5.7 混凝土蜗壳式出水流道目前在国内也不多见。这是一种和水电站厂房混凝土蜗壳形状极为相似的很复杂的整体结构，其实际应力状况很难用简单的计算方法求解。因此,必须对这种结构进行适当的简化方可进行计算。例如某泵房采用混凝土蜗壳式出水流道形式,蜗壳断面为梯形,系由蜗壳顶板、侧墙和底板构成。设计中采用了两种计算方法:一种是将顶板与侧墙视为一个整体,截取单位宽度,按"Γ"形刚架结构计算;另一种是将顶板与侧墙分开,顶板按环形板结构计算,侧墙按上、下两端固定板结构计算。由于蜗壳断面尺寸较大,出水管内设有导水用的隔墩,因此可按对称矩形框架结构计算。

泵房是低水头水工建筑物,其混凝土蜗壳承受的内水压力较小,因而计算应力也较小,一般只需按构造配筋。

6.5.8 大、中型立式轴流泵机组的机墩型式有井字梁式、纵梁牛腿式、梁柱构架式、环形梁柱式和圆筒式等。大、中型卧式离心泵机组的机墩形式有块状式、墙式等,机墩结构形式可根据机组特性和泵房结构布置等因素选用。根据调查资料,立式机组单机功率为800kW的机组间距多数在4.8m~5.5m,机墩一般采用井字梁式结构,支承电动机的井字梁由两根横梁和两根纵梁组成,荷载由井字梁传至墩上,这种机墩形式结构简单、施工方便;单机功率为1600kW的机组间距多数在6.0m~7.0m,机墩一般采用纵梁牛腿式结构,支承电动机的是两根纵梁和两根与纵梁方向平行的短牛腿。前者伸入墩内,后者从墩上悬出,荷载由纵梁和牛腿传至墩上,这种机墩形式工程量较省;单机功率为2800kW和3000kW的机组间距约在7.6m~10.0m,机墩一般采用梁柱构架式结构,荷载由梁柱构架传至联轴层大体积混凝土上面;单机功率为5000kW和6000kW的机组间距约在11.0m~12.7m。机墩则采用环形梁柱式结构,荷载由环形梁经托梁和立柱分别传至墩墙和密封层大体积混凝土上面;单机功率为7000kW的机组间距达18.8m,机墩则采用圆筒式结构,荷载由圆筒传至下部大体积混凝土上面。卧式机组的水泵机墩一般采用块状式结构,电动机机墩一般采用墙式结构。工程实践证明,这些形式的机墩,结构安全可靠,对设备布置和安装、检修都比较方便。

关于机墩的设计,泵房内的立式抽水机组机墩与水电站发电机组机墩基本相同,卧式抽水机组机墩与工业厂房内动力机器的基础基本相同,所不同的是抽水机组的电动机转速比较低,对机墩的要求没有水电站发电机组对其机墩或工业厂房内的动力机器对其基础的要求高。因此,截面尺寸一般不太大的抽水机组机墩,不难满足结构强度、刚度和稳定要求。但对扬程在100m以上的高扬程泵站,在进行卧式机组机墩稳定计算时,应计入水泵启动时出水管道水柱的推力,必要时应设置抗推移设施。例如某泵站设计扬程达160m,由于机墩设计时未考虑出水管道水柱的推力,工程建成后,水泵启动时作用于泵体的水柱推力很大,水泵基础螺栓阻止不住泵体的滑移,致使泵体与电动机不同心,从而产生振动,影响了机组的正常运行。后经重新安装机组,并设置了抗推移设施,才使机组恢复正常运行。又如某二级泵站的设计扬程为140m,在机墩设计时考虑了出水管道水柱的推力,机墩抗滑稳定安全系数的计算值大于1.3,同时还设置了抗推移设施,作为附加安全因素,工程建成后,经多年运行证明,设计正确。因此,对于扬程在100m以上的高扬程泵站,计算机墩稳定时,应计入出水管道水柱的推力,并应设置必要的抗推移设施。

6.5.9 立式机组机墩的动力计算,主要是验算机墩在振动荷载作用下会不会产生共振,并对振幅和动力系数进行验算。为简化计算,可将立式机组机墩简化为单自由度体系的悬臂梁结构。对共振的验算,要求机墩强迫振动频率与自振频率之差和机墩自振频率的比值不小于20%;对振幅的验算,要求最大振幅值不超过下列允许值:垂直振幅0.15mm,水平振幅0.20mm。这些允许值的规定与水电站发电机组机墩动力计算规定的允许值是一致的,但因目前动力计算本身精度不高,因此对自振频率的计算只能是很粗略的。对于动力系数的验算,根据已建泵站的调查资料,验算结果一般为1.0~1.3。由于泵站电动机转速比较低,机墩强迫振动频率与自振频率的比值很小,加之机组制造精度和安装质量等方面可能存在的问题,因此要求动力系数的计算值不小于1.3。但为了不过多地增加机墩的工程量,还要求动力系数的计算值不大于1.5。如动力系数的计算值不在1.3～1.5范围内,则应重做机墩设计,直至符合上述要求时为止。

对于卧式机组机墩,由于机组水平卧置在泵房内,其动力特性明显优于立式机组机墩,因此可只进行垂直振幅的验算。

工程实验证明,对于单机功率在1600kW以下的立式机组机墩和单机功率在500kW以下的卧式机组机墩,因受机组的振动影响很小,故均可不进行动力计算。例如某省7座立式机组泵站,单机功率均为800kW,机墩均未进行动力计算,经多年运行考验,均未出现异常现象。

6.5.10 泵房排架是泵房结构的主要承重构件,它承担屋面传来的重量、吊车荷载、风荷载等,并通过它传至下部结构,其应力可根据受力条件和结构支承形式等情况进行计算。干室型泵房排架柱多数是支承在水下侧墙上。当水下侧墙刚度与排架柱刚度的比值小于或等于5.0时,水下侧墙受上部排架柱变形的影响较大,因此墙与柱可联合计算;当水下侧墙刚度与排架柱刚度的比值大于5.0时,水下侧墙对排架柱起固结作用,即水下侧墙不受上部排架柱变形的影响,因此墙与柱可分开计算,计算时将水下侧墙作为排架柱的基础。

6.5.11 吊车梁也是泵房结构的主要承重构件,它承受吊车启动、运行、制动时产生的荷载,如垂直轮压、纵向和横向水平制动力等,并通过它传给排架,再传至下部结构,其受力情况比较复杂。吊车梁总是沿泵房纵向布置,对加强泵房的纵向刚度,连接泵房的各横向排架起着一定的作用。吊车梁有单跨简支梁或多跨连续梁等结构形式,可根据泵房结构布置、机组安装和设备吊运要求等因素选用。单跨简支式吊车梁多为预制,吊装较方便;多跨连续式吊车梁工程量较少,造价较经济。根据调查资料,泵房内的吊车梁多数为钢筋混凝土结构,也有采用预应力钢筋混凝土结构及钢结构。对于负荷量大的吊车梁,为充分利用材料强度,减少工程量,宜采用预应力钢筋混凝土结构或钢结构。预应力钢筋混凝土吊车梁施工较复杂,钢吊车梁需用钢材较多。钢筋混凝土或预应力钢筋混凝土吊车梁一般有 T 形、I 形等截面形式。T 形截面吊车梁有较大的横向刚度,且外形简单,施工方便,是最常用的截面形式。I 形截面吊车梁具有受拉翼缘,便于布置预应力钢筋,适用于负荷量较大的情况。变截面吊车梁的外形有鱼腹式、折线式、轻型桁架式等。其特点是薄腹,变截面能充分利用材料强度,节省混凝土和钢筋用量,但因设计计算较复杂,施工制作较麻烦,运输堆放不方便,因此这种截面形式的吊车梁目前在泵房工程中没有得到广泛的应用。

由于吊车梁是直接承受吊车荷载的结构构件,吊车的启动、运行和制动对吊车梁的运用均有很大的影响,因此设计吊车梁时,应考虑吊车启动、运行和制动产生的影响。为保证吊车梁的结构安全,设计中应控制吊车梁的最大计算挠度不超过计算跨度的 1/600(钢筋混凝土结构)或 1/700(钢结构)。对于钢筋混凝土吊车梁结构,还应按限裂要求,控制最大裂缝宽度不超过 0.30mm。

对于负荷量不大的常用吊车梁,设计时可套用标准设计图集。但套用时要注意实际负荷量和吊车梁的计算跨度与所套用图纸上规定的设计负荷量和吊车梁的计算跨度是否符合,千万不可套错。由于泵房不同于一般工业厂房,特别是负荷量较大的吊车梁,有时难以套用标准设计图集,在此情况下,必须自行设计。

7 进出水建筑物

7.1 引 渠

7.1.1、7.1.2 在水源附近修建临河泵站确有困难时,需设置引渠将水引至宜于修建泵站的位置。为了减少工程量,引渠线路宜短、宜直,引渠上的建筑物宜少。为了防止引渠渠床产生冲淤变形,引渠的转弯半径不宜太小。本规范规定土渠弯道半径不宜小于渠道水面宽的 5 倍,石渠及衬砌渠道弯道半径不宜小于渠道水面宽的 3 倍。为了改善前池、进水池的水流流态,弯道终点与前池进口之间宜有直线段,其长度不宜小于渠道水面宽的 8 倍。

7.1.3 对于高扬程泵站,引渠末段的超高值计算应考虑突然停机时引渠来水的壅高及压力管道倒流水量的共同影响,其超高值可按明渠不稳定流计算。在初步设计阶段,引渠末段的超高值可按下式作近似估算:

$$\Delta h_v = \frac{(v_0 - v_0')\sqrt{h_0}}{2.76} - 0.01 h_0 \tag{2}$$

式中:Δh_v——由于涌浪引起的波浪高度(m);

h_0——突然停机前引渠末段水深(m);

v_0——突然停机前引渠末段流速(m/s);

v_0'——突然停机后引渠末段流速(m/s)。

7.2 前池及进水池

7.2.1、7.2.2 前池、进水池是泵站的重要组成部分。池内水流状态对泵站装置性能,特别是对水泵吸水性能影响很大。如流速分布不均匀,可能出现死水区、回流区及各种漩涡,发生池中淤积,造成部分机组进水量不足,严重时漩涡将空气带入进水流道(或吸水管),使水泵效率大为降低,并导致水泵汽蚀和机组振动等。

前池有正向进水和侧向进水两种形式。正向进水的前池流态较好。例如某泵站前池采用正向进水,进口前的引渠直线段较长,且引渠和前池在同一中心线上。运行情况证明,水流很平稳,即使在最低运行水位时(此时水泵叶轮中心线淹没深度只有 0.7m),前池水流仍较为平稳,无回流和漩涡现象。又如某泵站前池采用侧向进水,模型试验资料表明,池内出现大范围回水区和机组前局部回水区,流态很不好,流速分布极不均匀。为改善侧向进水前池流态,结合进水池的隔墩设置分水导流设施是有效的。因此,在泵站设计中,应尽量采用正向进水方式,如因条件限制必须采用侧向进水时,宜在前池内增设分水导流设施,必要时应通过水工模型试验验证。

7.2.3 多泥沙河流上的泵站前池,当部分机组抽水或前池流速低于水流的不淤流速时,在前池的部分区域将发生淤积,这是北方地区开敞式前池普遍存在的问题。例如某泵站前池通过水工模型试验,将原正向进水开敞式前池,改在每 2 台机组进水口之间设隔墩及分水墩,形成多条进水道,每条进水道通向单独的进水池,从而解决了前池泥沙淤积的问题。出池泥沙粒径允许值是参照现行行业标准《水利水电工程沉沙池设计规范》SL 269 确定的。

7.2.5 对于圆形进水池(无前池),在有较大的秒换水系数(即进水池的水下容积与共用该池的水泵设计流量的比值)及淹没深度情况下,水流入池后,主流偏向底部,在坎下形成立面旋滚,而进水池两侧出现较强的回流,水流紊乱,受到立面旋滚所起的搅拌作用,从而使流向进水管喇叭口的水流流速增大,夹沙能力增强。因此,在消耗有限能量的前提下,圆形进水池是一种防止泥沙淤积的良好形式。本规范规定多泥沙河流上宜选用圆形进水池,就是这个道理。

7.2.7 为了满足泵站连续正常运行的需要,进水池水下部分必须保证有适当的容积。如果容积过小,满足不了秒换水系数的要求;

如果容积过大,显然会增加进水池的工程量,而且对改善进水池的流态没有明显的作用。根据国内一些泵站工程的运行经验,认为进水池的秒换水系数取30～50是适宜的。

7.3 出 水 管 道

7.3.1、7.3.2 在结合地形、地质条件布置出水管道线路时,通常会出现几个平面及立面转弯点。这些转弯点转弯角和转弯半径的大小对出水管道的局部水头损失影响很大。现将转弯角 $\alpha=20°\sim 90°$、弯曲半径与管径的比值 $R/d=1.0\sim 3.0$ 时的局部水头损失系数 ξ_α 值及局部水头损失 Δh 值关系列于表7。

表7 出水管道 α、R/d 与 ξ_α、Δh 值关系表

α	R/d							
	1.0		1.5		2.0		3.0	
	ξ_α	Δh	ξ_α	Δh	ξ_α	Δh	ξ_α	Δh
20°	0.320	0.102	0.240	0.076	0.192	0.061	0.144	0.046
30°	0.440	0.140	0.330	0.105	0.264	0.084	0.198	0.063
40°	0.520	0.166	0.390	0.124	0.312	0.099	0.234	0.075
50°	0.600	0.191	0.450	0.143	0.360	0.115	0.270	0.086
60°	0.644	0.205	0.498	0.159	0.398	0.127	0.299	0.095
70°	0.704	0.224	0.528	0.168	0.422	0.134	0.317	0.101
80°	0.760	0.242	0.570	0.182	0.456	0.145	0.342	0.109
90°	0.800	0.255	0.600	0.191	0.480	0.152	0.360	0.115

局部水头损失按下式计算:

$$\Delta h = \xi_\alpha \frac{v^2}{2g} \quad (3)$$

由表7可知,当 R/d 值一定时,Δh 值随着 α 值的增加而增加,但增量却逐渐递减;当 α 值一定时,Δh 值随着 R/d 值的增加而减小,但在 R/d 值增至1.5以上时,减量几乎是按等数值递减。

由于高扬程泵站出水管道长,转弯角较多,如果设置过多的大转弯角,势必加大局部水头损失,从而增大耗电量。因此,本规范规定出水管道的转弯角宜小于60°。但当泵站水位变化幅度大时,部分管道必须在泵房内直立安装,因此,少量设置 $\alpha=90°$ 的弯管还是允许的。

出水管道转弯半径 R 值的大小对局部水头损失 Δh 值有直接影响。这种影响表现为:随着 R 值的增大,Δh 值的增量逐渐变小;但 R 值过大时,需增大镇墩尺寸,而且增加弯管制作安装的困难。根据我国大、中型高扬程泵站工程的实践经验,出水管道直径一般大于500mm,为了有效地减少出水管道的局部水头损失,同时也不过多地增加弯管制作安装的困难,转弯半径 R 取等于或大于2倍管径是比较适宜的。因此,本规范规定,出水管道的转弯半径宜大于2倍管径。

当管道在平面和立面上均需转弯,且其位置相近时,为了节省镇墩工程量,宜将平面和立面转弯合并成一个空间转弯角。这样,弯管的加工制作并不复杂,而安装对中则可采取一些措施加以解决。

当水泵反转,管道中水流倒流时,如管道立面有较大的向下转弯,镇墩前后的管中流速差别将很大,很可能出现水流脱壁,产生负压,从而影响管道的外压稳定。因此,本规范规定,管顶线宜布置在最低压力坡度线下,压力不小于0.02MPa。

7.3.4 明管的分节长度除根据地形条件确定外,还应满足下式要求:

$$L \leqslant \frac{[\alpha EF(t_1-t_2)-(A_2 \pm A_4)]L_0}{A_1+A_3 \pm A_5} \tag{4}$$

式中:L——明管的分节长度(m);
$\quad\alpha$——钢管线性膨胀系数(1/℃);
$\quad E$——钢管弹性模量(N/cm²);
$\quad F$——钢管管壁断面面积(cm²);
$\quad t_1$——管道开始滑动时的金属温度(℃);

t_2——管道安装合拢时的温度(℃);
A_1——钢管自重下滑分力(N);
A_2——伸缩接头处的内水压力(N);
A_3——水对管壁的摩擦力(N);
A_4——温度变化时伸缩接头处填料与管壁的摩擦力(N);
A_5——温度变化时管道与支座的摩擦力(N);
L_0——伸缩节至镇墩前计算断面的距离(m)。

公式(4)的含义是钢管在温度变化时产生的轴向力,由阻止其变形而产生的阻力所分担,管道不发生滑动,伸缩节处的伸缩变形最小,因而按公式(4)确定明管分节长度是偏于安全的。

关于明管直线段上的镇墩间距,日本规定为120m～150m,美国垦务局及太平洋煤气和电气公司规定小于150m。为了安全起见,本规范规定明管直线段上的镇墩间距不宜超过100m。

7.3.6、7.3.7 管道有木管道、铸铁管道、钢管道、预应力钢筋混凝土管道及预应力钢筒混凝土管道等。在大、中型高扬程泵站工程中,近十年来已不再使用铸铁管,木管只在建国初期的小型工程上使用过,因此本规范不推荐采用这两种管道。

钢管及钢管件使用的钢材性能要求,在国家现行的有关标准中已有详细说明,可参照执行。

为了保证预应力钢筋混凝土管及预应力钢筒钢筋混凝土管道的质量,选材时要注意符合国家定型产品的规格,以便能在工厂订货。

7.3.8 作用在管道上的荷载主要有自重、水重、水压力、土压力以及温度荷载等。它们的计算和组合是比较明确的。在高扬程长管道水压力计算中可考虑以下四种工况:一是设计运用工况下,作用在管道上的稳定的内水压力(即正常水压力);二是水泵由于突然断电出现反转的校核运用工况下,产生的最大水锤压力(即最高水压力);三是水泵出现反转的校核运用工况下,当某些管段补气不足时产生的负压(即最低水压力);四是在管道制作或安装工况下,进行水压试验时出现的最大水压力(即试验水压力)。

7.3.9 水力过渡过程是指水泵设计运用工况以外的各种工况水力分析,如本规范第7.3.8条所述二、三、四种工况下的水压力计算等,其中最重要的是最大水锤压力计算。水锤压力的计算方法常用解析法和图解法等。

7.3.10 明设钢管抗外压稳定的最小安全系数取值与现行行业标准《水电站压力钢管设计规范》SL 281的规定相同。由于光面管和有加劲环的钢管在失稳后造成事故破坏的程度是不一样的,因此光面钢管抗外压稳定的最小安全系数定为2.0,有加劲环的钢管抗外压稳定的最小安全系数定为1.8。

对于不设加劲环的明设钢管,当事故停机管内通气不足或当管道转弯角很大时,由于管道中水流倒流,从而产生真空,在大气压力作用下很有可能变形失稳,因此需要进行外压稳定性校核。

7.3.11 为了防止明设光面钢管外压失稳,规定其管壁最小厚度不宜小于公式(7.3.11)所规定的数值,其推导条件是:外压力为$10N/cm^2$,钢的弹性模量$E=2.2\times10^6 N/cm^2$,泊桑比$\mu=0$,安全系数$K=2$。符合公式(7.3.11)规定的管壁厚度是偏于安全的。

7.3.12 钢管结构应力分析有第三强度理论(也称为最大剪应力理论)和第四强度理论(也称为畸变能理论)。我国现行有关的国家标准及目前世界上大多数国家的钢管设计规范都采用第四强度理论进行钢管结构应力分析。

7.3.13 我国目前高扬程泵站出水管道的直径多在1.0m左右,其承受的水头多在100m以内。由于管径较小,压力较低,岔管布置多采用丫形和卜形,其结构设计、计算方法和构造要求可参照现行行业标准《水电站压力钢管设计规范》SL 281的规定执行。

7.3.15 镇墩有开敞式和闭合式两种。开敞式镇墩管道固定在镇墩的表面,闭合式镇墩管道埋设在镇墩内。大、中型泵站一般都采用闭合式镇墩。为了加强钢管与镇墩混凝土的整体性,需在混凝土中埋设螺栓及抱箍,待管道安装就位后浇入混凝土中。由于镇墩是大体积混凝土，为防止温度变化引起镇墩混凝土开裂，破坏其整体性，应在镇墩表面按构造要求布置钢筋网。坐落在较完整基岩上的镇墩，为减少岩石开挖量和混凝土工程量，可在镇墩底部设置一定数量的锚筋，使部分岩体与镇墩共同受力。锚筋的布置应满足构造要求，并需进行锚固力的分析计算。

作用在镇墩上的荷载，荷载组合及镇墩的稳定计算，可采用常规的分析计算方法。安全系数允许值的选用，是一个涉及工程安全与经济的极为重要的问题。本规范规定，镇墩抗滑稳定安全系数的允许值：基本荷载组合下为1.30，特殊荷载组合下为1.10；抗倾稳定安全系数的允许值：基本荷载组合下为1.50，特殊荷载组合下为1.20。这与现行行业标准《公路桥涵地基与基础设计规范》JTG D63中墩台或挡土墙抗滑和抗倾稳定安全系数允许值的规定是基本一致的。

7.4 出水池及压力水箱

7.4.1 出水池应尽可能建在挖方上。如因地形条件必须建在填方上时，填土应碾压密实，严格控制填土质量，并将出水池做成整体式结构，加大砌置深度，尤其应采取防渗排水措施，以确保出水池的结构安全。

7.4.2 在陕西、宁夏、甘肃等地，由于地形条件的限制，一些泵站用出水池与输水渠道直接连接会加大出水管道长度，常设置出水塔，用渡槽和渠道相接，以减小出水管道长度。

7.4.3 出水池主要起消能稳流作用。因此，要求池内水流顺畅、稳定，且水力损失小，这样才能消减出水流道或出水管道出流的余能，使水流平顺而均匀地流入渠道或承泄区，以免造成冲刷。

出水池与渠道或承泄区的连接，一般需设置逐渐收缩的渐变段。渐变段在平面上的收缩角不宜太大，否则池中水位容易壅高，增加泵站扬程，加大电能消耗；但收缩角也不宜太小，否则使渐变段长度过大，增加工程投资。根据试验资料和工程实践经验，渐变段的收缩角宜采用30°～40°,最大不宜大于40°。

出水池池中流速不应太大,否则由于过大的流速,使佛劳德数Fr超过临界值,池中产生水跃,同时与渠道流速也难以衔接,造成渠道的严重冲刷。根据一些泵站工程实践经验,出水池中流速应控制最大不超过2.0m/s,且不允许出现水跃。

7.4.4 设置出水塔的泵站,其出水管在塔内一般垂直地面布置。规定出水管口高程略高于塔内水位,目的是防止水泵停机时塔内水流倒灌。

7.4.5 压力水箱多用于堤后式排水泵站,且承泄区水位变化幅度较大的情况下。压力水箱可和泵房合建,也可分建。分建式压力水箱应建在坚实地基上,不能建在未经碾压密实的填方上。如压力水箱一端与泵房相连接,应将压力水箱简支在泵房后墙上,以防止产生由于泵房和压力水箱之间的不均匀沉降所造成的危害。

压力水箱是钢筋混凝土框架结构,一般在现场浇筑而成。压力水箱尺寸应根据并联进入水箱的出水管直径与根数而定,但尺寸不宜过小,否则不能满足水箱出口闸门安装和检修的要求。例如某排水泵站,为节省工程量将站址选在紧接原自排涵洞进口处,并将进口改建成压力水箱,其尺寸为6.89m×17.4m×7.2m(长×宽×高),压力水箱底板高程与已建涵洞底板相同,两侧与自排涵洞相接,并设闸门控制,从而较好地解决了自排与抽排相结合的问题,而且节省了附属建筑物的投资。

8 其他形式泵站

8.1 一 般 规 定

8.1.1、8.1.2 当水源水位变化幅度在 10m 以上时,经技术经济比较后,可采用竖井式泵站、缆车式泵站、浮船式泵站、潜没式泵站等其他形式泵站。

当水源水位变化幅度在 10m 以上,且水位涨落速度大于 2m/h、水流速度又大时,宜采用竖井式泵站。如我国长江上、中游河段的水位变化幅度在 10m～33m 范围内,有些河段每小时水位涨落在 2m 以上,河流流速大,多采用竖井式泵站,多年来,工程运行情况良好,而且管理也比较方便。

当水源水位变化幅度在 10m 以上、水位涨落速度小于或等于 2m/h、每台泵车日最大取水量为 $40000m^3 \sim 60000m^3$ 时,可采用缆车式泵站。我国已建缆车式泵站,其水源水位变化幅度多在 10m～35m 范围内;当水源水位变化幅度小于 10m 时,采用缆车式泵站就不经济了;同时,由于泵车容积的限制和对运行的要求,单泵流量宜小,水位涨落速度不宜大。

当水源水位变化幅度在 10m 以上、水位涨落速度小于或等于 2m/h、水流流速又较小时,可采用浮船式泵站。我国已建浮船式泵站,其水源水位变化幅度多在 10m～20m 范围内;当水源水位变化幅度太大时,联络管及其两端的接头结构较复杂,技术上有一定的难度;同时,由于运行的要求和安全的需要,水流速度和水位涨落速度都不宜大。

当水源水位变化幅度在 15m 以上、洪水期较短、含沙量不大时,可采用潜没式泵站。潜没式泵站是泵房潜没在水中固定式泵站,适用于水源水位变化幅度较大的情况,目前我国已建的潜没式泵站,其水源水位变化幅度多在 15m～40m 范围内;为了防止泥沙淤积,建站处洪水期不宜长,含沙量不宜大。

8.2 竖井式泵站

8.2.1 集水井与泵房合建在一起,机电设备布置紧凑,总建筑面积较小,吸水管长度较短,运行管理方便。因此,在岸坡地形、地质、岸边水深等条件均能满足要求的情况下,宜首先考虑采用岸边取水的集水井与泵房合建的竖井式泵站。在岩基或坚实土基上,集水井与泵房基础采用阶梯形布置,可减小泵房开挖深度和工程量,且有利于施工。

8.2.2 竖井式泵站的取水建筑物,洪水期多位于洪水包围之中,根据已建竖井式泵站的工程实践,按校核洪水位加波浪高度再加 0.5m 的安全超高确定工作平台设计高程,可满足运行安全要求。

在河流上取水,为防止推移质泥沙进入取水口,要求最下层取水口下缘距离河底有一定的高度。根据已建竖井式泵站的运行经验,侧面取水口下缘高出河底的高度取 0.5m～0.8m,正面取水口下缘高出河底的高度取 1.0m～1.5m 是合适的。因此,本规范规定侧面取水口下缘距离河底高度不得小于 0.5m,正面取水口下缘距离河底高度不得小于 1.0m。

为了满足安全运行和检修要求,集水井通常用隔墙分成若干个空格。为了保证供水水质要求,每格应至少设 2 道拦污、清污设施。对于污物、杂草较多的河流,可能需设 3 道～4 道。例如某电厂的竖井式泵站,从黄河干流取水,共设置了 4 道拦污栅,并设置专用的清污设施,以便将污物、杂草清除干净。

具有取水头部的竖井式泵站,自取水头部布置了通向集水井的进水管。为了保证供水要求,进水管数量一般不宜少于 2 根,当其中一根进水管因事故停止使用时,另一根进水管尚可供水。当进水管埋设较深或需穿越防洪堤坝时,为了减少开挖工程量或避免因管道四周渗流影响堤坝防洪安全,亦可采用虹吸式布置。计算确定进水管直径时,管内流速一般采用 1.0m/s～1.5m/s,最小不宜小于 0.6m/s。

从多泥沙河流上取水,应设多层取水口。这样,汛期可取表层含沙量较小的水。根据黄河中游的某些取水泵站测验资料,当取表层水时,其含沙量比底层水含沙量减少 5%～20%。同时,在集水井内应设清淤排沙设施:大型泵站可采用排污泵(或排泥泵);中、小型泵站集水井内泥沙淤积不严重时,亦可采用射流泵。为了冲动沉积在底部的泥沙,在井内可设置若干个高压水喷嘴,其个数可根据集水井面积而定,一般可设置 4 个～6 个;对于小型泵站集水井,亦可采用水龙带冲沙。

8.2.4 由于圆形泵房受力条件好,水流阻力小,又便于采用沉井法施工,且运行情况良好,因此竖井式泵房宜采用圆形。

竖井式泵房内面积小,安装机组台数不宜多;否则,布置上有一定的困难。为了满足供水保证率要求,需要有一定数量的备用机组,机组台数也不宜少。因此,泵房内机组台数宜采用 3 台～4 台。

8.2.8 竖井式泵房的底板、集水井、栈桥桥墩等基础,均位于河床或岸边,很容易遭受冲刷破坏,因此宜布置在最大冲刷线以下 0.5m,采取防护措施后可适当提高。河床最大冲刷线的计算,一般包括河床自然演变引起的自然冲刷、建筑物及其基础压缩水流产生的一般冲刷和建筑物周围水流状态变化造成的局部冲刷等三部分。

8.2.9 竖井式泵房的竖向高度较大,而平面尺寸相对较小,在较大的水平荷载作用下,很可能由于基础底部应力不均匀系数的增大,导致基础过大的不均匀沉降和泵房结构的倾斜,这对机组的正常运行是有害的。因此,在进行竖井式泵房设计时,除应满足地基允许承载力、抗滑、抗浮稳定安全要求外,还应满足抗倾(即计算基础底部应力不均匀系数不超过规定值)的要求。

8.3 缆车式泵站

8.3.2 缆车式泵站泵车数不应少于2台,主要是考虑移车时可交替进行,不致影响供水。根据已建缆车式泵站的运行经验,每台泵车宜布置1条输水管道,移车时接管比较方便。

泵车的供电电缆(或架空线)与输水管道应分别布置在泵车轨道两侧,这是为了防止移车时供电电缆(或架空线)与输水管道互相干扰的缘故。

变配电房、绞车房是缆车式泵站的固定设施,两者均应布置在校核洪水位以上,且在同一高程上,这样管理较为方便。绞车房的位置应能将泵车上移到校核洪水位以上,这是为了满足泵车车身防洪的需要。

8.3.3 泵车布置要求紧凑合理,便于操作检修,同时要求车架受力均匀,以保证运行安全。已建的缆车式泵站泵车内机组平面布置大致有三种形式:一是两台机组正反布置;二是两台机组平行布置;三是三台机组呈"品"字形布置。从运行情况看,两台机组正反布置形式较好,其优点是泵车受力均匀、运行时产生振动小,近年来新建的缆车式泵站均采用此种布置形式。因此本规范规定,每台泵车上宜装置水泵2台,机组应交错即正反布置。

8.3.4 泵车车型竖向布置宜采用阶梯形,这样可减少三角形纵向车架腹杆高度,增加车体刚度和降低车体重心,有利于车体的整体稳定。

8.3.5 根据调查资料,已建缆车式泵站的泵车车架较普遍存在的主要问题是:在动荷载影响下,强度和稳定性不够,车架结构的变形和振动偏大等,从而影响到泵车的正常运行。其中有少部分泵车已不得不进行必要的加固改造。经分析认为,车架结构产生较大变形和振动的主要原因是由于轨道下地基产生不均匀沉降,致使轨道出现纵向弯曲,车架下弦支点悬空,引起车架杆件内力加剧,造成车架结构的变形;车架承压竖杆和空间刚架的刚度不足而引起变形;平台梁挑出过长结构按自由端处理,在动荷载作用下,振动严重。因此,在设计泵车结构时,除应进行静力(强度、稳定)计算外,还应进行动力计算,验算振幅和共振等,并应对纵向车架杆件按最不利的支承方式进行验算。

8.3.6 由于泵车一直是在斜坡道上上、下移动的,如果操作稍有不当,或绞车失灵,或钢丝绳断裂,容易造成下滑事故,因此泵车应设保险装置以保证运行安全。

8.3.8 泵车出水管与输水管的连接方式对泵车的运行影响很大。目前已建缆车式泵站的泵车接管大致有三种:柔性橡胶管、曲臂式联络管和活动套管。泵车出水管直径小于 400mm 时,多采用柔性橡胶管;大于 400mm 时,多采用曲臂式联络管;而活动套管则很少采用。在水位变化幅度较大的情况下,尤其适宜采用曲臂式联络管。因此本规范规定,联络管宜采用曲臂式;管径小于 400mm 时,可采用橡胶管。

出水管应沿坡道铺设。对于岸坡式坡道,管道可埋设在地下,宜采用预应力钢筋混凝土管;对于桥式坡道,管道可架设,应采用钢管。

沿出水管应设置若干个接头岔管,供泵车出水管与输水管连接输水用。接头岔管的间距和高差,主要取决于水泵允许吸上真空高度、水位涨落幅度和出水管与输水管的连接方式。当采用柔性橡胶管时,接头岔管间的高差可取 1.0m～2.0m;当采用曲臂式联络管时,接头岔管间的高差可取 2.0m～3.0m。

8.4 浮船式泵站

8.4.3 机组设备间布置有上承式与下承式两种:上承式机组设备间,即将水泵机组安装在浮船甲板上。这种布置便于运行管理且通风条件好,适用于木船、钢丝网水泥船或钢船,但缺点是重心高、稳定性差、振动大。下承式机组设备间,即将水泵机组安装在船舱底部骨架上。这种布置重心低、稳定性好、振动小,但运行管理和通风条件差,加上吸水管要穿过船舷,因此仅适用于钢船。不论采用何种布置形式,均应力求船体重心低、振动小,并保证在各种不利条件下运行的稳定性。特别是机组容量较大、台数较多时,宜采用下承式布置。为了确保浮船的安全,防止沉船事故,首尾舱还应封闭,封闭容积应根据浮船船体的安全要求确定。

8.4.5 浮船的稳性衡准系数 K 即回复力矩 M_q 与倾覆力矩 M_f 的比值。浮船设计时,要求在任何情况下均应满足 $K \geqslant 1.0$,方可确保浮船不致倾覆。

8.4.6 浮船的锚固方式关系到浮船运行的安全。锚固的主要方式有岸边系缆,船首、尾抛锚与岸边系缆相结合,船首、尾抛锚并增设角锚与岸边系缆相结合等。采用何种锚固方式,应根据浮船安全运行要求,结合停泊处的地形、水流状况及气象条件等因素确定。

8.5 潜没式泵站

8.5.1 为了有利于潜没式泵站泵房结构的抗浮稳定,应尽可能减小泵房体积,泵房内宜安装卧式机组,且台数不宜太多,一般不宜超过4台。

8.5.2 潜没式泵站泵房顶宜设置天窗,作为非洪水期通风采光用。天窗结构应保证启闭灵活、密封性好。为了便于管理运用,要求机电设备应能在岸上进行自动控制。

9 水力机械及辅助设备

9.1 主 泵

9.1.1 根据国内已建泵站的选型经验,并考虑到今后的提高和发展,本条规定了主泵选型的基本原则:

1 主泵选型最基本的要求是满足泵站设计流量和设计扬程的要求,同时要求在整个运行范围内,机组安全、稳定,并且有最高的平均效率。

2 要求在泵站设计扬程时,能满足泵站设计流量的要求;在泵站平均扬程时,水泵应尽量达到最高效率;在泵站最高或最低扬程时,水泵能安全、稳定运行,配套电动机不超载。

排水泵站的利用率比较低,当需要运行时,又要求在最短时间内排除积水,所以水泵选型时应与一般泵站有所区别,强调在保证机组安全、稳定运行的前提下,水泵的设计流量宜按最大流量计算。

3 水泵一般按抽送清水设计。当水源含沙量比较大时,水泵效率下降,流量减少,汽蚀性能恶化。所以,在水泵选型时充分考虑含沙量、粒径对水泵性能的影响是必要的。

4 随着科学技术的不断发展,性能优良的水力模型不断出现。在水泵选型时,应以积极的态度推广使用性能优良的新产品,逐步替代落后的系列产品。新设计的水泵应有比较完整的水泵模型试验资料,对轴流泵和混流泵为带有流道的装置模型试验资料,并经过验收合格后才能使用。大型机组在无任何资料可借鉴,且原型泵的放大超过10倍时,有必要进行中间机组试验。

5 有多种泵型可供选择时,应考虑机组运行调度的灵活性、可靠性、运行费用、主机组费用、辅助设备费用、土建投资、主机组事故可能造成的损失等因素进行比较论证,选择综合指标优良的水泵。

6 采用变速调节能增加水泵对流量和扬程的适应性,但会增加设备投资,因此应进行技术经济比较。

9.1.2 一般情况下,主泵台数多则运行调度灵活性较好、工程投资较多,主泵台数少则运行调度灵活性下降、工程投资较少,因此主泵的台数选择应对经济性和运行调度灵活性进行综合考虑。

9.1.3 为了保证机组正常检修或发生事故时泵站仍能满足设计流量的要求,设置一定数量的备用机组是必要的。对于重要的城市供水泵站,由于机组事故或检修而不能正常供水,将会影响千家万户的生活,也会给国民经济造成巨大损失,所以备用机组应适当增加。

对于灌溉泵站,备用机组台数可适当少,但也需具体分析,区别对待。随着我国外向型农业以及集约型农业经济的发展,某些灌溉泵站的重要性十分明显,其备用机组台数经论证可适当增加。

在设置备用机组时,不宜采用容量备用,而应采用台数备用。

9.1.4 轴流泵和混流泵装置模型试验是指包括进、出水流道在内的水力模型试验。由于低扬程水泵进、出流水道的水力损失对泵站装置效率影响很大,除要求提高泵段效率外,还应提高进、出水流道的效率,选择最佳的流道型线。

9.1.5 水泵的轴功率与转速的立方成正比,汽蚀余量与转速的平方成正比。水泵若做增速运行,必须验算电动机是否过载,水泵安装高程是否满足要求,同时要验算水泵结构强度及振动等。

9.1.6 为保证配套电动机在水泵的运行范围内不超载,应分别计算最高扬程、平均扬程、最低扬程时的轴功率,取其最大者作为最大轴功率。

在含沙介质中工作的低比转数水泵,随着含沙量的增大,水泵流量随之减少,故水泵轴功率无明显的变化。高比转数水泵,含沙量对水泵轴功率则有明显影响。由于水泵严重磨蚀引起容积效率大为降低,或者虹吸式出水流道漏气引起扬程增加,水泵都有可能出现超载现象,这是不正常的运行状态,在计算最大轴功率时应酌情考虑。

9.1.7 水泵安装高程合理与否,影响到水泵的使用寿命及运行的稳定性,所以大型水泵的安装高程的确定需要详细论证。

以往我们对泥沙影响水泵汽蚀余量的严重程度认识不足,导致安装高程定得不够合理。近年来,我国学者做了不少实验与研究,所得的结论是一致的:泥沙含量对水泵汽蚀性能有很大的影响。室内实验证明,泥沙含量 $5kg/m^3 \sim 10kg/m^3$,水泵的允许吸上真空高度降低 $0.5m \sim 0.8m$;含沙量 $100kg/m^3$ 时,允许吸上真空高度降低 $1.2m \sim 2.6m$;含沙量 $200kg/m^3$ 时,允许吸上真空高度降低 $2.75m \sim 3.15m$。所以,水泵安装高程应根据水源设计含沙量进行修正。

由于水泵额定转速与配套电动机转速不一致而引起汽蚀余量的变化往往被忽视。当水泵的工作转速不同于额定转速时,汽蚀余量应按下式换算:

$$[NPSH]' = NPSH\left(\frac{n'}{n}\right)^2 \tag{5}$$

式中:$[NPSH]'$——相应于工作转速 n' 的汽蚀余量;

$NPSH$——相应于额定转速 n 的汽蚀余量。

基准面是指通过由叶轮叶片进口边的外端所描绘的圆的中心的水平面,如图 1 所示。对于多级泵以第一级叶轮为基准;对于立式双吸泵以上部叶片为基准;对于可调叶片的混流泵和轴流泵,以叶片轴线与叶轮室表面的交点所描绘的圆的中心所处的水平面为基准。

9.1.8 将并联运行水泵台数限制在 4 台以内,除了考虑土建投资和管道工程费用因素外,还考虑了对水泵性能的影响。因为水泵总扬程由净扬程和管路水头损失两部分组成,如果一条总管有 4 台水泵并联运行,在设计流量下管路水头损失为 ΔH,当单泵运行时,总管通过流量只有设计流量的1/4,管路水头损失只有设计值的1/16,水泵总扬程大为减小,流量增大,效率降低,水泵允许吸上真空高度减小,安装高程需要降低,土建投资也会增大。并联台数愈多,水泵扬程变化范围愈大,对水泵的流量和允许吸上真空高度的影响愈明显。所以,应校核单台水泵运行时的工作点,检查是否出现超载、汽蚀和效率偏低等情况。比转数低于90的水泵,其特性曲线有驼峰出现,同样应考虑能否并联运行。

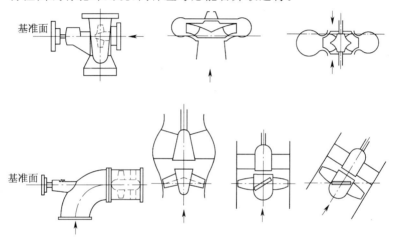

图 1 基准面

9.1.9 油压装置的有效容积指油压从正常工作油压降低到最低工作油压时的供油体积,泵站开机并非同时进行,而且机组运行工况变化比较缓慢,油压装置处于半工作状态,故全站一般共用一套油压装置即可满足要求。

9.1.11、9.1.12 关于水泵装置效率,各方面意见一直存在着较大的差异。本次规范修订工作对此进行了专门的调查。据对调查资料的分析,设计扬程 3m 以上的轴流泵站装置效率在 64.6%～80.3%之间,平均为 72.5%;设计扬程 3m 以下的轴流泵站装置效率在 57.3%～64.8%之间,平均为 60.4%;双向泵站装置效率在

49.8%～61.7%之间,平均为 55.8%;离心泵站装置效率在63.3%～77.6%之间,平均为 71.3%。

考虑到我国幅员辽阔、地域宽广,对于不同的泵站来说自然条件和抽水要求的差异较大,例如南方地区的超低扬程泵站,净扬程常只有 1m～2m,而流道水力损失至少也有 0.4m～0.6m,流道效率很低,使得装置效率难以提高;又比如离心泵站在同样的总扬程下,由于地形扬程和管道损失扬程所占比例的不同,其管道效率可能有很大的差异,从而使得装置效率差别很大。故本规范对于泵站的装置效率提出了宜采用的范围值,既反映了我国现阶段泵站的装置效率总体水平,又给出了根据现阶段的设备设计和制造水平、流道研究和施工水平所能够达到的装置效率水平。

9.2 进出水流道

9.2.2 有关试验研究表明:进水流道的设计,主要问题是要保证其出口流速和压力分布比较均匀。为此,要求进水流道型线平顺,各断面面积沿程变化均匀合理,且进口断面处流速宜控制不大于 1.0m/s,以减小水力损失,为水泵运行提供良好的水流条件。

9.2.3 肘形进水流道是目前国内外采用最广泛的一种流道形式。如国内已建成的两座最大轴流泵站,水泵叶轮直径分别为 4.5m 和 4.0m,配套电动机功率分别为 5000kW 和 6000kW,都是采用这种流道形式,经多年运行检验,情况良好。我国部分泵站肘形进水流道的设计成果(有些经过装置试验验证)见表 8、表 9 和图 2。由表 9 可知,多数泵站肘形进水流道 $H/D=1.5～2.2, B/D=2.0～2.5, L/D=3.5～4.0, h_k/D=0.8～1.0, R_0/D=0.8～1.0$,可作为设计肘形进水流道的控制性数据。由于肘形进水流道是逐渐收缩的,流道内的水流状态较好,水力损失较小,但不足之处是其底面高程比水泵叶轮中心线高程低得较多,造成泵房底板高程较低,致使泵房地基开挖较深,需增加一定的工程投资。

钟形进水流道也是一种较好的流道型式。根据几座采用钟形进水流道的泵站装置试验资料,与肘形进水流道相比,钟形进水流道的平面宽度较大,B/D 值一般为 $2.5\sim2.8$;而高度较小,H/D 值一般为 $1.1\sim1.4$。这样可提高泵房底板高程,减少泵房地基开挖深度,机组段间需填充的混凝土量也较少,因而可节省一定的工程量。例如,两座水泵叶轮直径相同的泵站,分别采用肘形进水流道和钟形进水流道,采用钟形进水流道的泵站与采用肘形进水流道的泵站相比,设计扬程高,单泵设计流量大,而泵房地基开挖深度反而浅,混凝土用量反而少(见表10)。根据钟形进水流道的装置试验结果,其装置效率并不比肘型进水流道的装置效率低。因此,国外一些大、中型泵站采用钟形进水流道的较多。近几年来,国内泵站也有采用钟形进水流道的,运行情况证明效果良好。

有关试验资料表明,在水泵叶片安装角相同的情况下,无论是肘形进水流道或钟形进水流道,当进口上缘(顶板延长线与进口断面的延长线的交点)的淹没水深大于 0.35m 时,基本上未出现局部漩涡;当淹没水深在 0.2m～0.3m 时,流道进口水面产生时隐时现的漩涡,有时涡带还伸入流道进口内,但此时对水泵性能的影响并不大,机组仍能正常运行;当淹没水深在 0.1m～0.18m 时,进口水面漩涡出现频繁;当淹没水深为 0.06m 时,漩涡剧烈,并夹带大量空气进入流道,致使水泵运行不稳,噪声严重。因此,本规范规定进水流道进口上缘的最小淹没水深为 0.5m,即应淹没在进水池最低运行水位以下至少 0.5m。

进水流道的进口段底面一般宜做成平底。为了抬高进水池和前池的底部高程,降低其两岸翼墙的高度,以减少地基土石方开挖量和混凝土工程量,可将进水流道进口段底面向进口方向上翘,即做成斜坡面形式。根据我国部分泵站的工程实践,除有些泵站进水流道进口段底面做成平底外,多数泵站进水流道的进口段底面上翘角采用 $7°\sim11°$(见表9)。因此,本规范规定进水流道进口段底面上翘角不宜大于12°。关于进口段顶板仰角,我国多数泵站的进水流道采用20°~28°,也有个别泵站采用32°(见表9)。因此,本规范规定进水流道进口段顶板仰角不宜大于30°。

表8 我国部分泵站肘形进水流道各控制断面面积及流速汇总表

泵站序号	A—A断面 面积F_A (m^2)	A—A断面 流速V_A (m/s)	B—B断面 面积F_B (m^2)	B—B断面 流速V_B (m/s)	C—C断面 面积F_C (m^2)	C—C断面 流速V_C (m/s)	备注
1	12.6	0.60	4.50	1.67	2.22	3.38	
2	13.2	0.53	4.02	1.74	2.22	3.15	
3	22.4	0.81	10.0	1.81	7.07	2.56	
4	23.7	0.89	11.9	1.77	7.25	2.90	
5	25.4	0.82	11.5	1.82	6.60	3.18	
6	25.5	0.82	12.1	1.74	7.06	2.98	
7	25.7	0.82	11.7	1.79	6.47	3.24	
8	30.0	0.70	12.0	1.75	6.83	3.07	
9	33.7	0.62	11.1	1.90	6.45	3.25	
10	36.1	0.84	17.9	1.69	9.62	3.14	
11	75.0	0.80	35.3	1.70	16.9	3.55	
12	59.1	0.91	29.1	1.84	14.7	3.65	

表9 我国部分泵站肘形进水流道主要尺寸汇总表

泵站序号	D	H	h_1	h_k	h_2	L	L_1	L_2	L_3	L_4	L_5	B	b
1	154	345	—	184	245	1080	—	—	—	162.5	122	450	—
2	154	346.5	500.5	184.2	245.2	1074.8	—	—	—	—	—	440.4	—
3	160	288	280	134	188	732.2	—	—	159	130.7	105	450	—
4	280	490	420	231.4	324.5	1000	700	332	282	257.8	—	620	60

续表 9

泵站序号	主要尺寸 (cm)											
	D	H	h_1	h_k	h_2	L	L_1	L_2	L_3	L_4	L_5	B	b
5	280	420	490	228	320	1000	600	367	250	217.6	130	600	70
6	280	440	526.1	230	280	1000	—	—	200	200	68.2	560	—
7	280	450	450	216.2	310	1100	700	367	494	245	136.6	600	60
8	300	540	380	230	400	1140	535	—	275	244.1	145.5	600	60
9	310	560	700	298.6	386.6	1120	845.2	—	75.5	274.8	123.9	700	—
10	400	700	730	348	450	1300	900	620	330.3	330.3	186.5	1000	100
11	450	720	785	360	522	1500	1100	660	360	360	215	1150	—

泵站序号	主要尺寸 (cm)					进口段收缩角		比 值				
	R_0	R_1	R_2	R_3	R_4	D_1	α	β	H/D	B/D	L/D	h_k/D	R_0/D
1	208	130	79	—	—	168	26°09′	0°	2.24	2.92	7.03	1.19	1.35
2	208.7	—	79	—	—	167.9	28°	0°	2.25	2.86	6.98	1.20	1.36
3	189	197.2	46.7	92.3	—	168	8°56′	0°	1.80	2.81	4.58	0.84	1.18
4	280	—	100	280	360	304	22°	8°27′	1.75	2.21	3.57	0.83	1.00
5	280	50	70	100	360	295	20°	0°	1.50	2.14	3.57	0.81	1.00
6	225	50	30	200	697	300	27°	8°32′	1.57	2.00	3.57	0.82	0.80
7	280	—	100	806	360	295	12°57′	7°50′	1.61	2.14	3.93	0.77	1.00
8	300	50	90	280	510	300	28°06′	10°14′	1.80	2.00	3.80	0.77	1.00
9	308	130	102.3	1065	—	350	26°27′	10°15′	1.81	2.26	3.61	0.96	0.99
10	405	165	115	300	500	432	32°	9°56′	1.75	2.50	3.25	0.87	1.01
11	450	100	130	200	575	460	25°11′	8°32′	1.60	2.56	3.33	0.80	1.00

表 10 钟形流道与肘形流道的工程特性参数比较表

泵站序号	水泵叶轮直径 (m)	单机功率 (kW)	设计扬程 (m)	单泵设计流量 (m³/s)	流道形式	泵站地基开挖深度 (m)	混凝土用量 (m³)
1	2.8	1600	5.62	21.0	肘形	4.98	3200
2	2.8	2800	9.00	25.9	钟形	4.00	1300

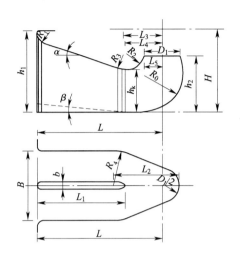

图 2 肘形进水流道主要尺寸图

9.2.4 出水流道布置对泵站的装置效率影响很大,因此流道的型线变化应比较均匀。为了减小水力损失,出口流速应控制在 1.5m/s 以下,当出口装有拍门时,可控制在 2.0m/s。如果水泵出水室出口处流速过大,宜在其后面直至出水流道出口设置扩散段,以降低流速。扩散段的当量扩散角不宜过大,一般取 8°~12°较为合适。

9.2.6 直管式出水流道进口与水泵出水室相连接,然后沿水平方向或向上倾斜至出水池。为了便于机组启动和排除管内空气,在流道出口常采用拍门或快速闸门断流,并在门后管道较高处设置通气孔,以减少水流脉动压力,机组停机时还可向流道内补气,避免流道内产生负压,减少关闭拍门时的撞击力,改善流道和拍门的工作条件。

9.2.7 虹吸式出水流道的进口与水泵出水室相连接,出口淹没在出水池最低运行水位以下,中间较高部位为驼峰,并略高于出水池最高运行水位,在满足防洪要求的前提下,出口可不设快速闸门或拍门。在正常运行工况下,由于出水流道的虹吸作用,其顶部出现负压;停机时,需及时打开设在驼峰顶部的真空破坏阀,使空气进入流道而破坏真空,从而切断驼峰两侧的水流,防止出水池的水向水泵倒灌,使机组很快停稳。根据工程实践经验,驼峰顶部的真空度一般应限制在7m～8m水柱高,因此本规范规定驼峰顶部的真空度不应超过7.5m水柱高。

驼峰断面的高度对该处的流速和压力分布均有影响。如果高度较大,断面处的上、下压差就会很大。工程实践证明,在尽量减少局部水力损失的情况下,压低驼峰断面的高度是有好处的。这样一方面可加大驼峰顶部流速,使水流夹气能力增加,并可减小该断面处的上、下压差;另一方面可减少驼峰顶部的存气量,便于及早形成虹吸和满管流,而且还可减小驼峰顶部的真空度,从而增大适应出水池水位变化的范围,因此驼峰处断面宜设计成扁平状。

9.2.9 由于大、中型泵站机组功率较大,如出水流道的水力损失稍有增大,将使电能有较多的消耗,因此常将出水流道的出口上缘(顶板延长线与出口断面的延长线的交点)淹没在出水池最低运行水位以下0.3m～0.5m。当流道宽度较大时,为了减小出口拍门或快速闸门的跨度,常在流道中间设置隔水墩。有关试验资料表明,如果隔水墩布置不当,将影响分流效果,使出流分配不均匀,增加出水流道的水力损失。因此,隔水墩起点位置距水泵出水室宜远一点,待至水泵出流流速较均匀处再分隔为好。一般隔水墩起点位置与机组中心线距离不应小于水泵出口直径的2倍。

9.3 进水管道及泵房内出水管道

9.3.1 水泵进水管路比较短,其直径不宜按经济流速确定,而应同时考虑减少进水管水力损失,减少泵房挖深和改善水泵汽蚀性能等因素综合比较确定。一般进水管流速建议按1.5m/s～2.0m/s选取。

水泵出水管道一般都比较长,出水管流速需进行技术经济比较确定。我国地域辽阔,地区之间有差别,泵站服务对象也不尽相同,致使电价或运行成本差别较大,出水管流速可在 2.0m/s～3.0m/s 范围内选取。

9.3.2 曲线形进水喇叭口水力损失比较小,但制造成本比较高。大型水泵一般采用直线形喇叭管,其锥角不宜大于 30°。

9.3.3 为保证水泵进水管有比较好的流态,使其流速分布比较均匀,避免进水池出现漩涡,离心泵进水喇叭管的布置形式(参见图3)以及与建筑物的距离应符合本条文的规定。

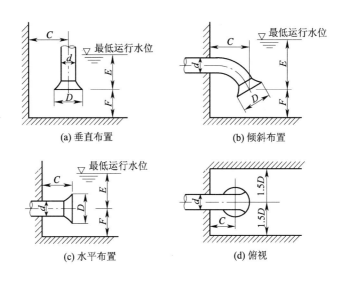

图 3 进水喇叭管布置图

C—喇叭管中心与后墙的距离;d—进水管直径;D—喇叭管进口直径;
E—喇叭口中心的淹没深度;F—喇叭口中心的悬空高度

9.3.4 离心泵必须关阀启动,所以出水管路上应设工作阀门,为使工作阀门出现故障需检修时能截断水流,还需设检修阀门。

离心泵关阀启动时的扬程即零流量时的扬程,一般达到设计扬程 1.3 倍～1.4 倍。所以,水泵出口操作阀门的工作压力应按零流量时压力选定。

普通止回阀阻力损失大,能耗高,关闭速度不易控制,势必造成水锤压力过大,故不宜装设。当管道直径小于500mm时,可装微阻缓闭止回阀。

9.4 过渡过程及产生危害的防护

9.4.1 当水泵机组事故失电时,管道系统将产生水锤(包括正压水锤和负压水锤)以及机组逆转。水锤压力的大小是管路系统的重要设计依据之一。计算水泵在失去动力后管路系统各参数的变化情况,并采取必要的防护措施,确保机组及管路系统的安全,是泵站设计的重要内容。

9.4.2 事故停泵水锤防护的主要内容应包括以下几方面:①防止最大水锤压力对压力管道及管道附件的破坏;②防止压力管道内水柱断裂或出现不允许的负压;③防止机组反转造成水泵和电动机的破坏;④防止流道内压力波动对水泵机组的破坏。

本条规定的反转速度不超过额定转速的1.2倍,是根据电动机的有关技术标准制定的。事实上,只要水锤防护设施(如两阶段关闭蝶阀)选择得当,完全可能将反转速度限制在很小的范围,甚至不发生反转。从机组的结构特点看,机组反转属于不正常的运行方式,容易造成某些部件的损坏,所以希望反转速度愈小愈好,但也应避免出现长时间的低速旋转。

最大水锤压力值限制在水泵额定工作压力的1.3倍~1.5倍,主要考虑两方面因素:一是输水系统的经济性;二是采取适当的防护措施,最大水锤压力完全可以限制在此范围内。例如某提灌二期工程最大水锤压力只有额定工作压力的1.2倍~1.25倍。

由于各地区的海拔高度不同,出现水柱分裂的负压值是不同的,在计算上应注意修正。为了减少输水系统工程费用,确保输水系统安全,应采取措施限制输水系统负压值,当负压达到2.0m水柱时,宜装真空破坏阀。

9.4.3 轴流泵和混流泵出水流道的断流设施主要有拍门和快速

闸门。采用虹吸式出水流道时，用真空破坏阀断流。

采用真空破坏阀作为断流设施时，其动作应准确可靠。通过真空破坏阀的空气流速宜按50m/s～60m/s选取。采用拍门作为断流设施时，其断流时间应满足水锤防护要求，撞击力不能太大，不能危及建筑物和机组的安全运行。

采用快速闸门作为断流设施时，应保证操作机构动作的可靠性。其断流时间满足设计要求，同时要对其经济性进行论证。

9.4.4 扬程高、管道长的大、中型泵站，事故停泵可能导致机组长时间超速反转或造成水锤压力过大，因而推荐在水泵出口安装两阶段关闭的液压缓闭阀门。根据水泵过渡过程理论分析，水泵从事故失电至逆流开始的这个时段，如果阀门以比较快的速度关闭至某一角度(65°～75°)，不至于造成过大的水锤压力升高或降低。管道出现逆流或稍后的某一时刻(如半相时间)，阀门必须以缓慢的速度关闭至全关。由于阀门开始慢关时，阀瓣已关至某一角度，作用于水泵叶轮的压力已很小，虽然慢关时段较长，也不会使机组产生大的反转速度。两阶段关闭阀门可以减少水锤压力，减小机组反转速度，又能动水启闭，有一阀多用的特点。

9.5 真空及充水系统

9.5.1 各种形式的水泵都要求叶轮在一定淹深下才能正常启动。如果经过技术经济比较，认为用降低安装高程方法来实现水泵的正常启动不经济，则应设置真空、充水系统。

虹吸式出水流道设置真空系统，目的在于缩短虹吸形成时间，减小机组启动力矩。如果经过分析论证，在不预抽真空情况下机组仍能顺利启动，也可以不设真空、充水系统，但形成虹吸的时间不宜超过5min。

9.5.2 最大抽气容积是虹吸式出水流道内水位由出口最低水位升至离驼峰底部0.2m～0.3m时所需排除的空气容积，即驼峰两侧水位上升的容积加上驼峰部分形成负压后排除的空气容积。

9.5.3 利用运行机组驼峰负压作为待启动机组抽真空时,首先要核算运行机组的抽气量。抽气时间不应超过 10min～20min。利用驼峰负压抽气期间,运行机组的扬程增大,轴功率增加,这种抽气方式是否经济还需详细分析。

9.5.4 抽真空管路系统,尤其是虹吸式出水流道抽真空系统,应该有良好的密封性。若真空破坏阀或其他阀件漏气,驼峰部分的真空度降低,相当于水泵扬程增加,轴功率增大,能耗增加。所以,维持抽真空系统的良好密封具有重要意义。

9.6 排水系统

9.6.1 机组检修周期比较长或检修排水量比较小时,宜将检修排水和渗漏排水合并成一个系统。排水泵单泵容量及台数应同时满足两个系统的要求。两个系统合并时,应有防止外水倒灌入集水井的措施。防倒灌措施可采用下列方法之一:

  1 吸水室的排空管接于排水泵的吸水管上,不得返回集水井;

  2 排空管与集水井(或集水廊道)相通时,应有监视放空管阀门开、关状态的信号装置。

9.6.2 排水泵至少应设 2 台。检修时,排水泵全部投入,在 4h～6h 内排除吸水室全部积水,然后至少有 1 台泵退出运行作备用,其余水泵用以排除闸门的漏水。用于渗漏排水时,至少有 1 台泵作为备用。

9.6.4 大型立式轴流泵或混流泵多数采用同步电动机驱动。机组不抽水时,可作为调相机运行,以补偿系统无功。调相运行时,可落下进水口闸门,利用排水泵降低进水室水位,使叶轮脱水运行。

9.6.5 为配合排水泵实现自动操作,其出水管应位于进水池最低运行水位以下,但冰冻地区除外。

9.6.6 集水井或集水廊道均应考虑清淤以及清淤时的工作条件。

9.6.7 为便于设备检修,在进出水管路最低点设排空管是非常必要的。在寒冷地区,排空管路积水可以避免冻胀引起的设备损坏。为避免鱼类或其他水生生物堵塞排水管,排水管出口可装拍门。

9.7 供 水 系 统

9.7.1 泵站的冷却、密封、润滑、消防以及生活供水系统,应根据泵站规模、机组要求、运行管理人员数量确定。水泵的轴承润滑及生活用水要求有比较好的水质,可单独自成系统。

9.7.2 用水对象对水质的要求,主要包括泥沙含量、粒径以及有害物质含量。作为冷却水,泥沙及污物含量以不堵塞冷却器为原则。水质不符合要求时,应进行净化处理或采用地下水。

9.7.3 主泵扬程低于 10m～15m 时,宜用水泵供水,并按自动操作设计。工作泵故障时备用泵应能自动投入。

9.7.5 轴流泵及混流泵站,因机组用水量较大,水塔容积按全站 15min 的用水量确定,可满足事故停电时,机组停机过程的冷却用水及泵房的消防用水要求。

离心泵站用水量较小,水塔容积可按全站 2h～4h 的用水量确定。

干旱地区的泵站或停泵期间无其他水源的泵站,应充分考虑运行管理人员的生活用水,水塔或水池的容积应能满足停机期间生活和消防用水的需要。

9.7.10～9.7.12 这三条系参照国家现行标准《建筑设计防火规范》GB 50016 和《水利水电工程设计防火规范》SDJ 278 的有关规定制定。

9.8 压缩空气系统

9.8.2 根据压力容器的有关等级划分标准,低压系统压力为 0.1MPa～1.6MPa(不含 1.6MPa);中压系统压力为 1.6MPa～10MPa(不含 10MPa)。

目前机组制动、检修和吹扫多采用0.7MPa～0.8MPa的空气压力,其系统为低压系统;轴流泵或混流泵的叶片调节油压装置多采用2.5MPa～4.0MPa的空气压力,其系统为中压系统。

9.8.4 若站内必须设中压系统,而低压系统用气量又不大时,低压用气可由中压系统减压供给,此时可不设低压空压机,但必须设低压贮气罐。中、低压系统之间可用管路连接,通过减压阀或手动阀减压后向低压系统供气,但应设安全阀,确保低压系统的安全。

9.9 供油系统

9.9.3、9.9.4 泵站的油再生及油化验任务较小,加之油分析化验技术性较强,运行人员一般难以掌握,故泵站不宜设油再生和油化验设备。大型多级泵站及泵站群,由于机组台数多,用油量大,且属同一管理系统,宜设中心油系统,贮备必需的净油并进行污油处理,可配备比较完整的油化验设备。

9.9.5 当机组充油量不大、机组台数又比较少时,供油总管利用率比较低,管内积油变质后又被带入轴承油槽,影响新油质量,所以宜用临时管道加油。

9.9.7 绝缘油和透平油均为不溶于水、不易被分解的物质,油桶或变压器事故排油不得排入河道或输水渠道,以免对环境和水质造成污染。

9.10 起重设备及机修设备

9.10.1 为改善工作条件、缩短检修时间,泵房内应装设桥式起重机。起重机的额定起重量应与现行起重机标准系列一致。

立式机组起重量按电动机转子连轴的总重量确定,当电动机为整体结构时,应按整机重量确定。

对整体吊装的卧式机组,起重量按电动机或水泵的整体重量选定。

对可解体的卧式机组,起重量按解体后最重部件的重量选定。

9.10.2 起重机的类型应根据装机台数、起重量的大小等因素选定。为减轻工作强度,宜选用电动起重机。

9.10.3 起重机的工作制应根据其利用率决定。一般泵站起重机的利用率较低,故起重机的桥架,主起升机构,大、小车运行机构的机械部分以及运行机构的电气设备均可选用轻级工作制。主起升机构的电气设备及制动器、副起升机构及电气设备在机组安装检修期间工作强度大,故应选用中级工作制。

9.10.5 随着社会分工的发展,将泵站的检修工作社会化,具有节省资金、场地和人员并提高设备利用率的优点。因此泵站可只配备简单的工具。

9.11 采暖通风与空气调节

9.11.1 泵房的通风方式有:自然通风,机械送风、自然排风,自然进风、机械排风,机械送风、机械排风等。选择泵房的通风方式,应根据当地的气象条件、泵房的结构形式及对空气参数的要求选择,并力求经济实用,有利于泵房设备布置,便于通风设备的运行维护。

泵房的采暖方式有:利用电动机热风采暖、电辐射板采暖、热风采暖和热水(或蒸汽)锅炉采暖等。我国各地区的气温差别很大,需根据各地的实际情况以及设备的要求,合理选择采暖方式。

9.11.2 当主泵房属于地面厂房时,应优先考虑最经济、最有效的自然通风。当主泵房属于封闭厂房时,应优先考虑利用结构特点采用自然通风或自然与机械联合通风。

对于值班人员经常工作的场所(如中控室),或者有特殊要求的房间,宜装设空气调节装置。

9.11.4~9.11.7 这四条系参照国家现行标准《采暖通风与空气调节设计规范》GB 50019 和《水力发电厂厂房采暖通风和空气调节设计规程》DL/T 5165 的规定制定。

9.11.8 表 9.11.8-7 和表 9.11.8-2 系参照《工业企业设计卫生

标准》GBZ 1 制定。

对于南方部分地区,夏季室外计算温度较高,无法满足一般通风设计的要求,若采用特殊措施又造价昂贵,故表中定为比室外计算温度高3℃。

9.12 水力机械设备布置

9.12.1 水力机械设备布置直接影响到泵房的结构尺寸,设备布置的合理与否还对运行、维护、安装、检修有很大的影响。所以,在进行水力机械设备布置时,除满足其结构尺寸的需要外,还要兼顾以下几方面:

1 满足设备运行、维护的要求。有操作要求的设备,应留有足够的操作距离。只需要巡视检查的设备,应有不小于1.2m~1.5m的运行维护通道。为便于其他设备的事故处理,需要考虑比较方便的全厂性通道。

2 满足设备安装、检修的要求。在设备的安装位置,应留有一定的空间,以保证设备能顺利地安装或拆卸。需要将设备吊至安装间或其他地区检修时,既要满足吊运的要求,又要满足设备安放及检修工作的需要。

3 设备布置应整齐、美观、合理。

9.12.2 影响立式机组段尺寸的主要因素是水泵进水流道尺寸及电动机风道盖板尺寸。在进行泵房布置时,首先要满足上述尺寸的要求,并保证两台电动机风道盖板间有不小于1.5m的净距。

9.12.4 卧式机组电动机抽芯有多种方式。如果就地抽芯,往往需加大机组间距,增大泵房投资。多数情况是将电动机定子与转子一起吊至安装间或其他空地进行抽芯。

9.12.5 边机组段长度主要考虑电动机吊装的要求。有空气冷却器时,还要考虑空气冷却器的吊装。在边机组段需要布置楼梯时,可以兼顾其需要。

9.12.6 安装间长度主要决定于机组检修的需要。立式机组在安装间放置的大件主要有电动机转子、上机架、水泵叶轮等。如果电动机层布置的辅助设备和控制保护设备比较少,有足够的空地放置上机架及水泵叶轮,可在安装间只放置电动机转子,并留有汽车开进泵房所必需的场地,即能满足机组检修的要求。

卧式机组一般都在机组旁检修,安装间只作电动机转子抽芯或从泵轴上拆卸叶轮之用,利用率比较低,其长度只需满足设备进出入泵房的要求即可。

9.12.7 泵站的辅助设备比较简单。主泵房宽度除应满足设备的结构尺寸需要外,只需满足各层所必需的运行维护通道即可。卧式机组的运行维护通道可以在进出水管上部布置,其高度应满足管道安装、检修的需要。

9.12.8 主泵房高度主要决定于设备吊运的要求。立式水泵最长部件是水泵轴。泵房高度往往由泵轴的吊运决定。如果水泵叶轮采用机械操作,则泵房高度需考虑调节机构操作杆的安装要求。

9.12.11 大型卧式水泵及电动机轴中心线高程距水泵层地面比较高,在中心线高程或稍低于中心线高程位置,设置工作平台,以利于轴承的运行维护、泵盖拆卸及叶轮的检查。目前有不少泵站在轴中心线高程设一运行、维护、检修层,或在机组四周加一平台,效果比较好,受到运行人员的欢迎。

10 电 气

10.1 供电系统

10.1.1 本条规定了泵站供电系统设计的基本原则和设计应考虑的内容。泵站供电系统设计应以泵站所在地的电力系统现状及发展规划为依据，是指在设计中应收集并考虑本地区电力系统的现状及发展规划等有关资料。在制订本规范的调查中，曾发现专用变电所、专用输电线和泵站电气连接不合理，使得有的工程初期投资增加，有的在工程投运后还需改造。因此，本条文强调了要"合理确定接入电力系统方式"是非常必要的。

10.1.2 通过对12个省、直辖市、自治区的调查情况看，大、中型泵站容量较大，从几千千瓦到十几万千瓦，有的工程对国民经济影响较大，一般采用专用输电线路，设置专用降压变电所。也有从附近区域变电所取得电源，采用直配线供电的。直配线供电电压一般为6kV或10kV，此时，应考虑变电所其他负荷不得影响泵站运行。

变电所的其他负荷不能影响本泵站电气设备的运行，当技术上不能满足上述要求时，则应采取设专用变电所方案。

在此次修订中，将泵站的负荷等级的划分纳入到电气专业中，并做了专项调查，调查中发现大（2）型、中型泵站也采用了双回线供电。特别是北方干旱地区，供水泵站在工业生产和人民生活中的重要性越来越高。该条文是指只要通过论证，中型、甚至小型泵站也可以采用双回线供电。另外采用双回线路供电的泵站，每一回供电线路应按承担泵站全部容量设计，但不包括泵站机组备用容量。

10.1.3 "站变合一"的供电管理方式是指将专用变电所的开关设

备、保护控制设备等与泵站的同类设备统一进行选择和布置。这种供电管理方式能节省电气设备和土建投资，并且可以相对减少运行管理人员。据对17个工程、55个泵站的调查，"站变合一"的供电管理方式占设专用变电所泵站的70%。这种方案在技术上是可行的，经济上是合理的，大多数设计、供电及泵站管理部门都比较欢迎。据此，对于有条件的工程宜优先采用"站变合一"的供电管理方式。

调查中还了解到"站变合一"的供电管理方式在运行管理中存在以下问题：当变电所产权属供电部门时，有两个系统的值班员同室、同台或同屏操作情况，这样容易造成管理上的矛盾与混乱，或者是供电部门委托泵站值班员代为操作，其检修和试验仍由供电部门负责，这样容易造成运行和检修的脱节，有些设备缺陷不能及时发现和处理，以致留下事故隐患。因此，"站变合一"供电管理方式应和运行管理体制相适应。当专用变电所确定由泵站管理时，推荐采用"站变合一"的供电管理方式。

10.2 电气主接线

10.2.1 本条规定了在设计电气主接线时应遵循的原则和考虑的因素，应突出泵站是主体，其他因素应该满足泵站运行要求。泵站分期建设时，特别强调了主接线的设计应考虑便于过渡的接线方式，以免造成浪费。

10.2.2 由12个省、直辖市、自治区的55个泵站的调查发现，主接线电源侧大都采用单母线接线，双回路进线时，可采用单母线分段。运行实践证明，上述接线方式能够满足一般泵站运行要求。

10.2.3 本条款未能对泵站的台数和容量作具体规定，设计中可根据泵站的重要性综合考虑，特别是供水泵站，可以采用单母线分段或其他接线方式。如某排涝泵站4台机，单机容量2000kW，电动机母线采用了单母线分段接线。

10.2.5 关于站用变压器高压侧接点：当泵站电气主接线为35kV"站变合一"过渡方案时，在设计中常将站用变压器（至少是其中一台）从35kV侧接出。这台变压器运行期间可担负站用电负荷，停水期间可作为照明和检修用电。主变压器退出运行，避免空载损耗。如某工程装机功率为60MW，停水期间主变压器仅带检修及电热照明负荷运行，主变压器损耗有功25kW，无功187kvar。

有些地区有第二电源时，在设计中为了提高站用电的可靠性或避免泵站停运时的主变压器空载损耗，常将其中一台站用变压器或另外增加的一台站用变压器接至第二电源上。有条件的地方可以由生活区引一回电源，作为泵站备用电源。

当选用较小容量的直流系统时，为了解决进线开关电动合闸问题，常将站用变压器（有时是其中一台）接至泵站进线处，否则该进线开关只能手动合闸或选用弹簧储能机构。

当泵站采用蓄电池直流系统跳、合闸时，站用变压器一般从主电动机电压母线接出。站用变压器高压侧接线如图4～图11。

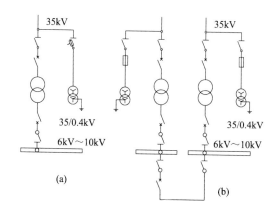

图4 泵站站用电高压侧线示例（一）

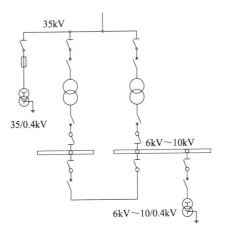

图 5 泵站站用电高压侧线示例(二)

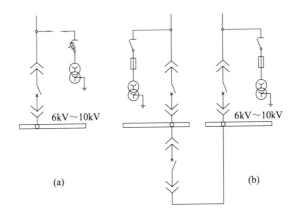

图 6 泵站站用电高压侧线示例(三)

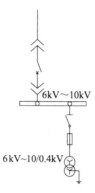

图 7 泵站站用电高压侧线示例(四)

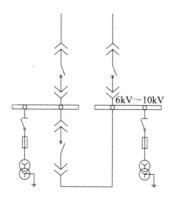

图 8 泵站站用电高压侧线示例(五)

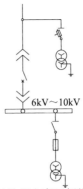

图 9 泵站站用电高压侧线示例(六)

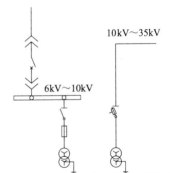

图 10 泵站站用电高压侧线示例(七)

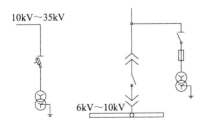

图 11 泵站站用电高压侧线示例(八)

10.3 主电动机及主要电气设备选择

10.3.4 泵站专用变电所主变压器容量的选择应满足机组启动的要求,主变压器的容量及台数确定应与主接线结合起来综合考虑。由于主变的容量选择在其他手册中能查到,所以删除了原规范中的附录D。

10.3.5 选用有载调压变压器要由电压校验结果而定。排涝泵站年运行时间较短(一般平均为120d～200d),开停机组频繁,负荷起落较大。多机组运行时电压降落更大,电压质量不稳定,尤其是一些处于电网末端的泵站,这种现象更为严重。调查中有的泵站压降达20%,这时若再开一台机,就有可能引起电动机低电压保护动作而跳闸。将泵站专用变电所的主变压器改换成有载调压变压器,情况就明显好转。近年来,越来越多的大、中型泵站工程设计选用了有载调压变压器。

10.4 无功功率补偿

10.4.1 原规范是根据当时《全国供电规则》和《功率因素调整电费办法》而制定的,现已不适应市场经济的要求。设计中可以根据当地的电网无功和市场情况,作技术经济比较,可补也可不补,只需满足电网的要求即可。

由于城镇的排涝标准很高,泵站年运行小时更低,目前国外、国内部分大、中城市已经使用了较大的异步电动机,所以本次修订中删除了原规范中的第10.4.3条,不再强调630kW及以上时要使用同步电动机。

10.4.2 条文中强调电容器应分组,其分组数及每组容量应与运行方式相适应,随负荷变动及时投入或切除,防止无功倒送(电力网不要求时)。

10.5 机组启动

10.5.1 本条规定主电动机启动时,其母线电压降不宜超过15%

额定电压,以保证电动机顺利完成启动过程。但经过准确计算,主电动机启动时,电压降能保证其启动力矩大于水泵静阻力矩,并能产生足够的加速力矩使机组转速上升,并且电动机启动时产生的电网电压降不影响其他用电设备正常运行时,此时主电动机母线电压降也可不受15%额定电压限制。

调查情况表明,某泵站主电动机系6000kW同步电动机,直接启动时电压降达23%额定电压;另一泵站主电动机系8000kW同步电动机,直接启动时电压降高达37%额定电压。上述两种同步电动机均能顺利完成启动过程,并已投运多年,启动时未影响与之有联系的其他负荷的正常工作。

无论采用哪种启动方式,均需计算启动时间和校验主电动机的热稳定。

10.5.2 由于同步电动机的励磁装置的响应时间和幅值,各个装置的情况不一样,未能给出一个准确值,为了慎重起见,一般不计同步电动机的无功补偿作用,确定最不利运行排列组合,进行电动机启动计算。

10.6 站 用 电

10.6.2 站用变压器台数的确定,主要取决于泵站负荷性质和泵站主接线。据调查情况表明:站用变压器设置1台的占45%,2台的占35%,3台的占20%。当泵站采用单母线分段时,绝大多数用2台站用变压器;当采用单母线时,一般采用1台站用变压器;有条件可将生活变压器作为泵站备用电源。

10.7 室内外主要电气设备布置及电缆敷设

10.7.1 为了便于操作巡视和运行管理,减少土建工程量,减少低压线上的损耗,节省投资,本条明确要求降压变电站尽可能靠近泵站主泵房、辅机房的高压配电室。在调查中发现有降压变电站远离泵站,进线铝排转弯三次才能进入高压配电室的不合理现象。

主变压器尽量靠近泵房,但应满足防火规范的规定。当设置两台主变压器时,其净距离不应小于10m,否则应在变压器之间设置防火隔墙,墙顶应高出变压器油枕1m,宽度应超出变压器的贮油坑外各加0.5m。如主变压器外廓距泵房墙小于5m时,不宜开设门窗或通气孔。

10.7.4 是否设置中控室,这与泵站性质、机组容量、装机台数多少及自动化程度有关。调查表明:20世纪50、60年代设计并投入运行的泵站,多数为就地操作,不单设中控室;70年代以后设计投入运行的泵站,绝大多数采用集中控制方式,一般都设置了控制室;有一些潜没式泵站,虽然机组容量不大、台数也不多,但也设置了控制室,这是因为这类泵站主泵房与辅机房相隔甚远,是运行需要;有些地区在对过去设计的泵站进行改造、扩建时,往往也增设了中控室。

主泵房噪声大、湿度大、夏天温度高,因而劳动条件较差,如设置控制室能大大改善工人的工作条件,投资又不多。因此,今后设计的泵站推荐设置中控室。

10.8 电气设备的防火

10.8.1~10.8.9 防火设计是一项政策性和技术性很强的工作。设计中参照现行行业标准《水利水电工程设计防火规范》SDJ 278。

结合泵站的电气设备防火要求,制定了泵站"电气设备的防火",共9条。根据泵站特点不对主泵房及辅机房进行防火分区,只就主要部位规定了应当采取的消防措施。对于大型泵站和泵站群,不作单独设置消防控制室的规定。自动报警信号可集中在中控室,实行统一监视管理。

10.9 过电压保护及接地装置

10.9.1~10.9.9 这9条规定除参照了现行行业标准《电力设备过电压保护设计技术规程》SDJ 7及《电力设备接地设计技术规

程》SDJ 8 和《水力发电厂机电设计技术规范(试行)》SDJ 173 外，还结合泵站的特点补充了部分内容，提出了一些具体要求。

10.10 照 明

10.10.1～10.10.5 泵站照明在泵站设计中很容易被疏忽，致使泵站建成后常给运行人员带来不便，有的甚至造成误操作事故。所以，在这5条中，对泵站的照明设计作了一些原则的规定。在电光源的选择上，规定应选择光效高、节能、寿命长、显色好的新型灯具。

10.11 继电保护及安全自动装置

10.11.4 一般情况下应设进线断路器（"站变合一"泵站可与变压器出线断路器合用）。

从进线处取得电流，经保护装置作用于进线断路器的保护称为泵站母线保护。

母线保护设带时限电流速断保护，动作于跳开进线断路器，作为主保护。该保护可以与电动机速断保护相配合，使之尽可能满足选择性的要求。

母线设置低压保护，动作于跳开进线断路器，是电动机低电压保护的后备。

当泵站机组台数较多、母线设有分段断路器时，为了迅速切断故障母线，保证无故障母线上的机组正常运行，一般在分段断路器上设置带时限电流速断保护。

10.11.6 从泵站抽水工作流程看，是允许短时停电的，不需要、也不允许机组自启动。

对于梯级泵站，即使个别泵站或个别机组自启动成功，对整个工程提水也没有意义。相反，由于大、中型泵站单机功率或总装机功率较大，自启动电流较大。若自启动将会使全站或系统的电流保护动作，而使全站或电网重新停电。此外，目前多数高扬程泵站不设逆止阀,当机组失电后可能产生反转现象,突然恢复供电时,机组重新自启动将会带来一些严重后果。为此,设置低压保护使机组在失电后尽快与电源断开,防止自启动是很有必要的。

10.11.8 从调查的情况来看,主电动机的保护,有的采用 GL 型过流继电器兼作过负荷及速断两种保护。也有的采用 DL 型电流继电器作过负荷保护。目前推荐使用电动机综合保护装置。

虽然水泵机组属平稳负荷,但有时因流道堵塞,必须停机清除杂物。为防止电动机启动时间过长,应装设过负荷保护。"抽水工程负荷起落较大,电压波动范围也大,电压质量可能较差。对于大、中型泵站,是不允许自启动的,有时由于某些特殊原因产生自启动,因为启动容量较大,自启动时间较长,可能使损坏机组。"因此,规定大、中型泵站设置过负荷保护是有必要的。

对于同步电动机,当短路比在 0.8 以上并且有失磁保护时,可用过负荷保护兼作失步保护。此时,过负荷保护应作用于跳闸。在设计时,为了使保护接线简单,凡满足以上条件时,通常采用 GL 型电流继电器兼作电流速断、过负荷及失步保护。

10.11.9 本条是参照现行国家标准《继电保护和安全自动装置技术规程》GB 14258 的有关规定制定。

装设于泵站的同步电动机,其短路比一般大于 0.8。调查表明,几乎全是采用本条第 3 款的保护方案。该方案的限制条件是主电动机短路比应大于或等于 0.8。若小于此值,说明电动机设计的静过载能力较差,其转子励磁绕组和短路环的温升值裕度小,失步情况容易产生过热现象。因此,应考虑其他两种失步保护方式。

10.12 自动控制和信号系统

10.12.2 目前,大、中型泵站已经使用了计算机监控系统,自动化的程度也相当高,但是,全国未能形成一个统一的监控模式,而且还不断涌现新的控制模式,如集中、分散-集中控制等。所以本规范中只要求采用计算机监控系统。

10.12.3 对于泵站主机组及辅助设备的自动控制设计问题,运行、设计单位都认为提高单机自动化程度是十分必要的。单机自动化是实现整个泵站自动控制及分散泵站集中远动控制的基本环节。只有抓好这个基本环节,才能有效地提高泵站自动控制水平。本条所规定的机组按预定程度自动完成开机、停机,在设计中是完全能办到的。据调查,我国20世纪70年代以后建设的大、中型泵站,基本都能按此要求运行。但是,也有不少泵站的自动控制仍处于停运状态,其原因有以下几点:①部分传感器及自动化元件质量不过关,动作不可靠;②一些测试手段尚未妥善解决;③泵站使用环境差,特别是地处黄河流域的一些泵站,水源含沙量大,泥沙的沉积淤塞常常造成一些问题。例如,一些引黄工程的泵站,泥沙堵塞闸阀,使闸阀电动机在开闸时过负荷,需要运行人员反复开停多次,这给闸阀联入程序控制带来麻烦;有的泵站因泥沙淤塞使抽真空的电磁阀无法动作。因此,有自动控制手段的这些泵站只好采用分部操作。今后,应着手解决上述问题。对于因具体情况暂时无法实现自动控制的泵站,可以再增加集中分步操作手段,使其能在集中控制室分步控制机组的开、停机。因此,执行本条款规定的前提条件是不包括那些受具体情况限制或条件不具备的泵站。

10.12.5 视频监视系统作为辅助监控泵站运行的手段,具有远距离实时监视设备运行、事件追溯、消防监控及警卫等方面的优点,已经在许多大、中型泵站采用,投资不是很高,建议采用。

10.13 测量表计装置

10.13.1 泵站电气测量仪表的准确级,与仪表连接的分流器、附加电阻和互感器的准确级以及测量范围等基本要求,可参考现行行业标准《电气测量仪表装置设计技术规程》SDJ 9。

10.13.2 巡回检测技术已在泵站中普遍应用。巡回检测装置可以根据需要巡视或检测泵站各电气参数及其他有关参数,如进水池水位、电动机绕组和轴承温度以及管道流量、压力等,并用数字显示、自动打印和制表。当泵站系统采用远动控制时应能将巡检数据远传。推荐使用。

10.13.8 电能计量可按地方电力部门的要求设计。

10.14 操作电源

10.14.3 原规范事故停电时间按 0.5h 计,现在大部分泵站采用了计算机监控,所以本规范把事故停电时间提高到 1h。对于泵站来讲,应考虑以下两种情况:

  1 采用 110V 或 220V 直流系统跳、合闸的,一般仅需考虑 1 台断路器的合闸电流;

  2 采用 48V 直流系统时,最大冲击负荷应按泵站最大运行方式,电力系统发生事故,全部断路器同时跳闸的电流之和确定。

10.15 通　信

10.15.1、10.15.2　通信设计对于泵站安全运行是十分必要的。值班调度员通过通信手段指挥泵站开机运行和各渠道管理所合理配水灌溉以及排除工程故障与处理事故。因此,规定泵站应有专用的通信设施。微波通信建议不采用。目前光纤通信容量大,能实时传送图像等数字信号,公网的光纤覆盖也很广,租用光缆也是可以考虑的。另外移动通信也覆盖全国,采用无线虚拟网也行。

  生产电话和行政电话是合一还是分开设置,应根据具体泵站运行调度方式及泵站之间的关系而定。调查中发现,某些独立管理的大型泵站,一般设置行政和调度电话合一的通信设备。但对于一些大、中型梯级泵站,因调度业务比较复杂、工作量较大,有时需要对下属几个单位同时下达命令,采用行政和调度总机合一的方式是不合适的。因此,规定梯级泵站宜设独立的调度通信设施,并与调度的运行方式相适应。

10.15.4　为了同供电部门联系,一般采用电力载波、光纤通信,也可通过电信局公网与供电部门联系。

10.15.5 本条规定了对通信装置电源的基本要求。当泵站操作电源采用蓄电池组时,在交流电源消失后,通信装置的逆变器应由蓄电池供电,否则,应设通信专用蓄电池。

10.16 电气试验设备

10.16.1、10.16.2 因市场经济快速发展,电力部门和设备生产厂的维修试验业务的对外开放,服务及时、专业,特别是泵站管理人员的配置越来越少、设备也越来越复杂、专业划分更细,一般技术人员难以胜任泵站设备的维修和试验工作。通过比较论证,可设置必要的试验设备。对于集中管理的梯级泵站和相对集中管理的泵站群以及大型泵站,由于电气设备多、检修任务大,要负担起本站和所管辖范围内各泵站的电气设备的检修、调试、校验及35kV以下电气设备的预防性试验等任务,也可设电气试验室和电气试验设备。

11 闸门、拦污栅及启闭设备

11.1 一 般 规 定

11.1.2 据调查,各类泵站在进水侧均设有拦污栅,对于保证泵站正常运行起到了重要作用。但有相当多的泵站,由于河渠或内湖污物来量较多,栅面发生严重堵塞,影响泵站的正常运行,甚至被迫停机。较为常见可行的办法是设置机械清污机。拦污栅设置启闭设备的目的,是为了能提栅清污及对拦污栅进行检修或更换。清污平台的设置应方便污物转运,结合交通桥考虑,可节约投资。据调查,有些泵站将清除的污物随意堆放,未做任何处理,既影响清污效率,也于环保不利。

站前拦污栅桥与流向斜交布置对增大过流面积、减小过栅流速的效果并不明显,而且斜交布置、人字形布置或折线布置对清污作业和污物转运是不利的。实际上,绝大多数泵站的站前拦污栅桥布置都是与流向正交的。故取消了原规范关于斜交布置和人字形布置的内容。

11.1.3 轴流泵及混流泵站出口设断流装置的目的是为了保护机组安全。断流方式很多,其中包括拍门及快速闸门等,为保证拍门或快速闸门发生事故时能够及时切断水流,防止水流倒灌对泵组造成危害,要求设置事故闸门。对于经分析论证无停泵飞逸危害的泵站,也可以不设事故闸门,仅设检修闸门。

虹吸式出水流道系采用真空破坏阀断流。由于运行可靠,一般可不设事故闸门,但要根据出口高程及外围堤岸的防洪要求设置防洪闸门或检修闸门。

11.1.4 门后设置通气孔,是保证拍门、快速闸门正常工作,减少振动和撞击的重要措施。对通气孔的要求是:孔口应设置在紧靠门后的流道或管道顶部,有足够的通气面积并安全可靠。通气孔的上端应远离行人处,并与启闭机房分开,以策安全。

通气孔面积计算经验公式很多,适用条件不同,结果差别较大,因此很难作硬性规定。原规范所列通气孔面积的估算公式系根据已建泵站经验提出,同时参考了《大型电力排灌站》(水电版,1984年)所提拍门通气孔面积经验公式和《江都排灌站》第三版(水电版,1986年)推荐采用的真空破坏阀面积经验公式。该公式对低扬程泵站是合适的,但对高扬程泵站估算面积偏小。本次修订参考了现行行业标准《水利水电工程钢闸门设计规范》SL 74 推荐的通气孔面积估算方法,对该公式给出适当范围,低扬程泵站取小值,高扬程泵站取大值。

11.1.5 泵站停机时特别是事故停机时,如拍门或快速闸门出现事故,事故闸门应能迅速或延时下落,以保护机组安全。

启闭设备现地操作和远方控制,是指启闭机房的就近操作和中控室自动控制两种方式,其目的是使启闭机操作灵活、方便和实现联动。据调查,泵站事故停电时有发生,严重威胁机组安全,因此,启闭机操作电源应十分可靠。

11.1.6 据调查,为了检修机组,各泵站一般均设有检修闸门。检修闸门的数量各泵站不一,有的泵站每台机组设1套,有的泵站数台机组共设1套。每台机组的检修时间,大型轴流泵约需1个月至3个月。若检修闸门过少,不能按时完成机组检修计划,影响抽水。考虑到大型泵站机组台数较少,而每台机组的检修时间又较长,当机组台数为3台~6台时,为保证至少2台机组同时检修,检修闸门数量不宜少于2套。当机组台数为2台时,可根据工程重要程度设置1套~2套。

"特殊情况"系指那些有挡洪要求或年运行时间不长的泵站。

11.1.7 泵站检修闸门,一般设计水头较低,止水效果差,严重时影响机组的检修。因此,对检修闸门,一般均采用反向预压措施,使止水紧贴座板,实践证明具有较好的止水效果。

11.1.9 对于在严寒地区冰冻期运行的泵站,出口快速闸门和事故闸门应采取门槽防冻措施,对于冰冻期挡水的闸门还应考虑防止冰压力措施。由于拦污栅受冰冻影响较小,不宜作硬性规定。

11.1.10 闸门与闸门及闸门与拦污栅之间的净距不宜过小,否则对闸槽施工,启闭机布置、运行以及闸门安装、检修造成困难。

11.1.11 对于闸门、拦污栅及启闭设备的埋件,由于安装精度要求较高,一期浇筑混凝土浇筑时干扰大,不易达到安装精度要求。因此,本条规定宜采用二期浇筑混凝土方式安装,同时还应预留保证安装施工的空间尺寸。

因检修闸门一般要求能进入所有孔口闸槽内,故对于多孔共用的检修闸门,要求所有门槽埋件均能满足共用闸门的止水要求。

11.2 拦污栅及清污机

11.2.1 拦污栅孔口尺寸的确定,应考虑栅体结构挡水和污物堵塞的影响,特别是堵塞比较严重又有泥沙淤积的泵站,有可能堵塞 $1/4\sim1/2$ 的过水面积。拦污栅的过栅流速,根据调查和有关资料介绍:用人工清污时,一般均为 $0.6m/s\sim1.0m/s$;如采用机械清污,可取 $1.0m/s\sim1.25m/s$。为安全计,本条采用较小值。

11.2.2 为了便于检查、拆卸和更换,拦污栅应做成活动式。拦污栅一般有倾斜和直立两种布置形式。倾斜布置栅体与水平面倾角,参考有关资料,可取 $70°\sim80°$。

11.2.3 拦污栅的设计荷载,即设计水位差,根据现行行业标准《水利水电工程钢闸门设计规范》SL 74 规定为 $2m\sim4m$。但对泵站来说,栅前水深一般较浅,通过调查了解,由污物堵塞引起的水位差一般为 0.5m 左右,1m 左右的也不少,严重时,栅前堆积的污物可以站人,泵站被迫停机,此时水位差可达 2m 以上。

拦污栅水位差的大小,与清污是否及时以及采用何种清污方式有关。为安全计,本条规定按 $1.0m\sim2.0m$ 选用。遇特殊情况,亦可酌情增减。当拦污栅前设置有清污机,其设计水位差可降到 1.0m。

11.2.4 泵站拦污栅栅条净距,国内未见规范明确规定,不少设计单位参照水电站拦污栅净距要求选用。前苏联 1959 年《灌溉系统设计技术规范及标准》抽水站部分第 361 条,对栅条净距的规定和水电站拦污栅栅条净距相同,即轴流泵取 0.05 倍水泵叶轮直径,混流泵和离心泵取 0.03 倍水泵叶轮直径。

栅条净距不宜选得过小(小于 50mm),过小则水头损失增大,清污频繁。据调查资料,我国各地泵站拦污栅栅条净距多数为 50mm～100mm,接近本条规定。

当设置有清污机时,站前拦污栅上的污物将大为减少,因此栅条间距可适当加大,对清污和减小过栅水头损失有利,但必须满足保护水泵机组的条件。

11.2.5 从调查中看到有不少泵站拦污栅结构过于简单,有的栅条采用钢筋制作,使用中容易产生变形,甚至压垮破坏。为了保证栅条的抗弯抗扭性能,减少阻水面积,本条要求采用扁钢制作。

使用清污机清污或人工清污的拦污栅,因耙齿要在栅面上来回运动,故栅体构造应满足清污耙齿的工作要求。对于回转式拦污栅,其栅体构造还需特殊设计。

11.2.6 清污机的选型,因河道特性、泵站水工布置、污物性质及来污量的多少差异很大,应按实际情况认真分析研究。目前,液压抓斗式和回转式清污机广泛用于泵站工程,取得了较好的效果。全自动液压抓斗式是一种从国外引进的清污机型式,近年逐步在泵站工程上推广使用,其特点是由计算机控制全自动清污,且不受拦污栅宽度的限制,但过栅的流速不宜过大。由于粉碎式清污机有可能存在环保问题,而且在工程中应用极少,故取消与之相关内容。

11.3 拍门及快速闸门

11.3.1 轴流泵机组有多种启动方式,包括用水流冲开拍门直接启动,先冲开小拍门再开启工作门或大拍门启动,先开泵泄(溢)流再提门启动以及抽真空启动等。每种方式都要求有不同的闸门选型,所以水泵启动方式也是拍门和快速闸门选型的重要因素之一。

据调查,单泵流量较小($8m^3/s$以下)时,多采用整体自由式拍门断流。这种拍门尺寸小、结构简单、运用灵活且安全可靠,因而得到广泛应用。当流量较大($8m^3/s$以上)时,整体自由式拍门由于可能产生较大的撞击力,影响机组安全运行,且开启角过小,增加水力损失,故不推荐采用。目前国内大型泵站多采用快速闸门或双节自由式拍门、整体控制式拍门断流。这些断流方式在减少撞击力及水力损失方面均取得了不同成效,设计时可结合具体情况选用。

上面所述拍门均系指悬吊式(水平转轴)拍门,除此之外,最近几年已有单位研制出一种"节能型侧向式全自动止回装置",并已经用于湖北、湖南、安徽、江西、甘肃和广东等省的实际工程中。有关检测机构实测数据表明,这种拍门的开启角度可达85°,节能效果明显,提高了泵站装置效率,且运行平稳,闭门冲击力小。该产品已被列入水利部"948"项目,正在积极推广。

11.3.3 拍门水力损失与开启角的大小有关,据调查了解,一般整体自由式拍门(此处及以下所述拍门均指悬吊式)开启角为50°~60°,个别的不到40°。实际调查到的拍门开启角情况为50°~60°的有3个泵站;60°以上的有1个泵站;双节式拍门上节门开启角在30°~40°的有6个泵站;40°以上的只有1个泵站。

关于拍门的水力损失,由于开启角过小,有5个泵站降低泵效率达到2%~3%,2个泵站达到4%~5%。

拍门开启角过小时,其水力损失大,特别是长期运行的泵站,其电能损耗相当可观,因此拍门开启角宜加大,但鉴于目前的拍门设计方法不尽完善,开启角又不宜过大,否则将加大撞击力。故本条规定拍门开启角应大于60°,其上限由设计者酌情决定。

对于双节式拍门,本条规定上节门开启角大于50°,下节门开启角大于65°,通过试验观察,其水力损失大致与整体自由式拍门开启角60°时的水力损失相当。上节门与下节门开启角差不宜过大,否则将使水力损失增加,并将加大撞击力,根据模型和原型测试综合分析,本条规定不大于20°。拍门加平衡重虽然可以加大开度,但却相应增大了撞击力,且平衡滑轮钢丝绳经常出现脱槽事故。因此本条要求采用加平衡重应有充分论证。

11.3.4 双节式拍门上节门高度一般比下节门大,其主要目的是为了增大下节门开启角,同时拍门撞击力主要由下节门决定,下节门高度小于上节门,就能减少下节门撞击力。根据模型试验,上下门高度比适宜范围为1.5~2.0。

11.3.5 轴流泵不能闭阀启动,为防止拍门或闸门对泵启动的不利影响,应设有安全泄流设施,即在拍门上或在闸门上设小拍门,亦可在胸墙上开泄流孔或墙顶溢流。

泄流孔面积可以根据最大扬程条件、机组启动要求试算确定。先初定泄流孔面积,计算各种流量条件孔口前后水位差。根据此水位差、相应流道水力损失及净扬程计算泵扬程和轴功率,核算电动机功率余量及启动的可靠性,据以确定合理的泄流孔面积。

11.3.7 拍门和快速闸门是在动水中关闭,要承受很大的撞击力,为确保其安全使用,应采用钢材制作。小型拍门一般由水泵制造厂供货,目前拍门最大直径为1.4m,且为铸铁制造。据调查,在使用中出现了不少问题。为安全计,经论证拍门尺寸小于1.2m时,可酌情采用铸铁和非金属材料制作。近年来非金属高强度工程材料发展很快,应用范围也越来越广泛,用来制作拍门也有一定的优势,如玻璃钢等。

11.3.8 拍门铰座是主要受力构件,出现事故的机会较多且不易检修,故应采用铸钢制作,以策安全。

吊耳孔做成长圆形,可减轻拍门撞击时的回弹力,可增加橡皮缓冲的接触面积和整体性,从而减轻对支座的不利影响,并有利于止水。综合几个工程运用实例,圆心距可取10mm~20mm。

11.3.10 将拍门的止水橡皮和缓冲橡皮装在门框埋件上,主要是避免其长期受水流正面冲击而破坏,设计时应考虑安装和更换方便。

11.3.11 采用拍门倾斜布置形式,当拍门关闭时,橡皮止水能借门重紧密压于门框上,使其封水严密。对拍门止水工作面进行机械加工,亦是确保封水严密的措施之一。据调查,拍门倾角一般在10°以内。

本条强调"拍门止水工作面宜与门框进行整体机械加工",是指将止水座板与门框焊接后再加工,以保证止水效果。

11.3.13、11.3.14 附录C～附录E中公式的推导过程以及实验数据,参见《泵站拍门近似计算方法》(1986年)、《江都排灌站》第二版(1979年)和《泵站过流设施与截流闭锁装置》(2000年)。

11.4 启闭设备

11.4.1 工作闸门和事故闸门是需要经常操作的闸门,随时处于待命状态,宜按一门一机布置,选用固定式启闭机;有控制的拍门和快速闸门因要求能快速关闭,故应选用具有快速闭门功能的启闭设备。而检修闸门和拦污栅一般不需要同时启闭,当其孔口数量较多时,为节省投资,宜按一机多孔布置,选用移动式启闭机或移动式电动葫芦。

近年来,液压技术发展很快,液压式快速闸门启闭机用于有控制的拍门和快速闸门行业内是比较认同的,技术越来越成熟,也有很多工程实例。卷扬式快速闸门启闭机用于快速闸门也是较为常见的配置,但卷扬式快速闸门启闭机用于有控制的拍门确实值得研究,有很多技术问题不好处理:①泵站机组启动时,水流是要冲开拍门的,此时拍门的开度很难控制,启闭机钢丝绳容易出现脱槽和乱绕事故。②事故停机历时数十秒内水泵系统就会进入"反转倒流"阶段,水流失去对拍门的顶托,拍门闭门的冲击力将急剧增大,而且受倒流作用,时间越长冲击力就越大。由于传动机构惯性矩的拖累,卷扬式快速闸门启闭机不可能在短时间内由静止达到高速反转,这种滞后延误了拍门的关闭时机,无法利用"反转倒流"阶段前水流的顶托作用,卷扬式快速闸门启闭机的缓冲效果并不理想,甚至可能有负面影响。③为提高拍门开度,水泵机组运行时拍门由钢丝绳悬吊,拍门上下水流流态复杂,钢丝绳处于长期振动荷载作用容易产生疲劳破坏,存在一定的安全隐患。④从一些泵站使用的卷扬式拍门控制装置的实际情况看,这些装置都已不是规范原指意义上的卷扬式快速闸门启闭机了,有的去掉了动滑轮,有的在高低速传动之间加了离合器,有的在低速轴上加上了制动器。从功能作用上讲,这些机械应该称之为"拍门卷绳器"或"拍门持住装置",而不应该称之为卷扬式快速闸门启闭机。鉴于以上情况,本次对有控制的拍门和快速闸门的启闭机选型进行分别叙述。对于"拍门卷绳器"或"拍门持住装置"等类似的机械,由于技术还不是很成熟,总结性资料收集不多,本次修订未将其列入规范,各单位可在实践中进一步改进和完善。

11.4.3 据调查,泵站运行期间,事故停电时有发生。为确保机组安全,快速闸门启闭机应设有紧急手动释放装置。当事故停电时,除中控室操作外,现场人员也能迅速关闭闸门。

12 安全监测

12.1 工程监测

12.1.1 泵站工程监测的目的是为了监视泵站施工和运行期间建筑物变形、渗流、水位、应力、泥沙淤积以及振动等情况。当出现不正常情况时,应及时分析原因,采取措施,保证工程安全运用。对监视建筑物安全运行的主要监测项目和测点,宜采用自动化监测设施,同时应具备人工监测的条件。有条件时宜考虑集中、远传引至中控室(或机旁盘)进行遥测。

12.1.2 直接从天然水源取水的泵站,特别是低洼地区的排水泵站,大部分建在土基上。由于基础变形,常引起建筑物发生沉降和位移。因此,变形监测是必不可少的监测项目。垂直位移监测常通过埋设在建筑物上的水准标点进行水准测量,其起测基点应埋设在泵站两岸,不受建筑物沉降影响的岩基或坚实土基上,也可布置在人工基础上。

水平位移监测是以平行于建筑物轴线的铅直面为基准面,采用视准线、交汇法测量建筑物的位移值。工作基点和校核基点的设置,要求不受建筑物和地基变形的影响。

12.1.3 目前使用的扬压力监测设备多为测压管装置或渗压计。测压管装置由测压管和滤料箱组成。通过读取测压管的水位,计算作用于建筑物基础的扬压力。实际运用表明,测压管易被堵塞。设计扬压力监测系统时,应对施工工艺提出详细要求。渗压计埋设简单,但电子元件性能不稳定,埋在基础下面时间久可能失灵。

12.1.4 对泥沙的处理是多泥沙水源泵站设计和运行中的一个重要问题。目前,泥沙对泵站的危害仍然相当严重。对水流含沙量及淤积情况进行监测,以便在管理上采取保护水泵和改善流态的措施。同时也可为研究泥沙问题积累资料。

12.1.5 对于建筑在软基上的大型泵站,或采用新型结构、新型机组的泵站,为了监测结构应力、地基应力和机组运行引起的振动,应考虑安装相应测量仪器的要求,预埋必要部件或预留适宜位置。观测应力或振动的目的是检查工程质量,对工程的安全采取必要的预防措施,并为总结设计经验积累资料。

12.2 水 力 监 测

12.2.1 根据泵站科学管理和经济运行的要求,对泵站运行期间水位、压力、单泵流量和累积水量进行经常性的观测是十分必要的。

12.2.2 在泵站进水池和出水池分别设置水位标尺,它既是直接观测和记录水位的设施,又是定期标定水位传感器的基准。监测拦污栅前后的水位落差是为了判断污物对拦污栅的堵塞情况,以便进行清污。

12.2.3 测量水泵进口和出口的真空和压力值是计算水泵效率的需要,同时还可判断水泵的吸水和汽蚀情况。

12.2.4 在泵站现场,应根据水泵装置的条件,选择流态和压力稳定的位置,进行单泵流量及水量累计监测。由于大型流量计在室内标定比较困难,而且费用高,一般宜在现场进行标定。

12.2.5、12.2.6 根据能量平衡的原理,利用流道(或管道)过水断面沿程造成的压力差来计算流量,是泵站流量监测的一种简单、经济、可靠的技术,已为生产实践所证实。

12.2.8 弯头流量计在一些国家已形成系列产品,利用水泵装置按工程要求安装的弯头配置差压测量系统即可作为水泵流量的监测设备。弯头量水具有简单、可靠、经济、便于推广、不因量水而增加管路系统阻力等优点,其测量精度满足泵站技术经济管理的要求,弯头流量计的应用已在实验室和生产实践中得到证实。

附录 A 泵房稳定分析有关数据

A.0.3 表 A.0.3 是根据现行国家标准《水利水电工程地质勘察规范》GB 50287 制定的。

附录C 自由式拍门开启角近似计算

C.0.2 利用三角函数积化和差公式对原规范公式进行了化简整理。

附录 D 自由式拍门停泵闭门撞击力近似计算

D.0.3 近年来,数值计算的理论发展很快,计算方法也很多。对于这种类型的微分方程的求解,龙格-库塔法较为常用,一般数值计算方法的书籍中也容易找到现成的计算程序,故与布里斯近似积分法同时推荐。